寒地引种青蒿及提高青蒿素产量的技术与原理

张荣沭 著

赵 敏 主审

科学出版社

北 京

内 容 简 介

本书建立并改进了青蒿素提取、分析方法，并以此为基础评价了黑龙江省青蒿野生资源的利用价值。作者团队连续3年在黑龙江省不同地区引种栽培主产区的青蒿种源，筛选出适合本地生长、含量高的青蒿种源，建立了寒地引种青蒿栽培技术；研究了影响青蒿素含量、药用生物量的主要因子，选择对青蒿素产量影响大的因子进行正交设计试验，确定了高产青蒿的施肥技术。同时本书介绍生防因子棘孢木霉提高青蒿素产量的原理，为寒地引种青蒿、开展大规模栽培生产提供理论依据。

本书可供高等学校和科研机构从事引种青蒿栽培、药效分析研究的人员参考阅读。

图书在版编目(CIP)数据

寒地引种青蒿及提高青蒿素产量的技术与原理 / 张荣沭著. —北京：科学出版社，2018.11

ISBN 978-7-03-059538-6

Ⅰ. ①寒… Ⅱ. ①张… Ⅲ. ①青蒿-引种-研究 ②青蒿-栽培技术-研究 Ⅳ. ①S567.23

中国版本图书馆CIP数据核字(2018)第258058号

责任编辑：张会格 岳漫宇 赵小林 / 责任校对：严 娜
责任印制：张 伟 / 封面设计：图阅盛世

科学出版社 出版
北京东黄城根北街16号
邮政编码: 100717
http://www.sciencep.com
北京虎彩文化传播有限公司 印刷
科学出版社发行 各地新华书店经销
*
2018年11月第 一 版 开本：720 × 1000 1/16
2018年11月第一次印刷 印张：10 1/4
字数：207 000
定价：98.00元
(如有印装质量问题，我社负责调换)

前　　言

青蒿(中文学名黄花蒿，*Artemisia annua* L.)为菊科蒿属一年生草本植物，是我国的传统中药，具清热凉血、退虚热、解暑的功效，是青蒿素的主要来源。青蒿素是一种含有过氧桥结构的倍半萜内酯类化合物。青蒿素活性好，毒性作用小，有显著的抗疟、解热镇痛作用，以青蒿素为母核经人工半合成获得的青蒿素衍生物类药物已成为世界卫生组织(WHO)倡导的“基于青蒿素的联合疗法”首选抗疟药，其中青蒿琥酯、蒿甲醚及蒿甲醚复方已被列入 WHO《基本药品目录》。目前还发现青蒿素具有抗癌作用，这无疑为青蒿素类药物再添光辉。青蒿素具有市场需求大、发展潜力巨大、来源窄、价格高等特点。尽管目前已成功合成青蒿酸及二氢青蒿酸等青蒿素前体，但迄今仍无法在植物体外将青蒿素前体转变成青蒿素，表明依靠人工种植青蒿仍然是一个不可忽略的重要方向。最大限度地提高人工栽培的青蒿有效生物量和青蒿素含量仍然是青蒿素产业追求的目标。

黑龙江省属于我国寒地区域，其气候条件可使当地野生青蒿完成生育期，且单株生物量大。但研究发现黑龙江省野生青蒿的青蒿素含量极低(低于 0.1%)，不具药用价值。青蒿喜温暖、阳光，忌水浸，不耐荫蔽。青蒿中青蒿素含量主要受种源和生态环境影响，具有对土壤质地及 pH 要求不严、适应性和抗逆性强的特点。充分利用青蒿的这些特性，在荒地、废弃地、闲置地、石砾地开展大规模栽培生产，既可带动黑龙江省乡村、林场经济的发展，又避免了与传统作物争地，是一项很好的惠农惠林项目。作者的课题组连续多年在黑龙江省引种主产区进行青蒿栽培试验，研究了采用不同栽培方法，施用不同刺激因子培育青蒿，并分析不同生育期的青蒿素含量和药用生物量的变化规律，以及影响青蒿素产量因子的作用原理，以期确定青蒿的最佳育苗期、移栽期和收获期，以及生产管理措施，为在寒地大面积引种青蒿、拉动区域经济发展提供理论依据。

本书由东北林业大学园林学院张荣沭副教授撰写，东北林业大学生命科学学院韩颂硕士参与完成第 2～4 章内容。东北林业大学生命科学学院赵敏教授主审。在本书撰写过程中我们得到了多方面的关心、支持与帮助。感谢哈尔滨工业大学程大有教授，东北林业大学大庆生物技术研究院贾洪柏工程师、魏德强助理工程师、苏涛助理工程师，黑龙江省农业科学院园艺分院林宝祥研究员，五常市宝龙店种子林场程政军副场长、李保江农艺师，黑龙江八一农垦大学慕庆锋副教授、张正军老师，通河县科技局赵丽波局长等对课题组引种青蒿栽培试验给予的大力支持与热情帮助。特别感谢程大有教授对课题工作的热情支持与悉心指导！感谢东北林业大学林学院刘志华副教授提供的棘孢木霉 ACCC30536（CBS433.97）菌株。在实验过程中，东北林业大学生命科学学院微生物教研室的全体老师，以及东北林业大学生命科学学院的王江、阎少鹏、齐凤慧老师；韩颂、周亚丹、李晓琳、李来酉、关晨晨、姜庆宏、郑楠、李保赫、郑淼、占晴晴、代海兵、唐磊等硕士研究生，王莎莎、王乾、刘泰麟、任修涛、段淞元等本科生；东北林业大学园林学院王慧、吕曼曼、朱国栋、姜传英、姚志红、翟彤彤、刘照莹、常媛等硕士研究生都给予了无私的帮助，在此一并表示感谢！非常感谢为青蒿栽培工作付出辛勤劳动的农工们！感谢国家自然科学基金面上项目（NSFC：31370642）对本书的经费支持。

由于作者水平有限，书中难免会有一些不足之处，希望读者及各位同行提出宝贵意见。

著　者

2018 年 3 月 20 日

目　　录

1 绪　　论

1.1　青蒿素及其研究现状

青蒿素(artemisinin，arteannuin，qinghaosu，QHS)是从中国传统药用植物菊科(Asteraceae)蒿属(*Artemisia*)的青蒿(*Artemisia annua* L.)中提取的一种分子内含有过氧桥结构的新型倍半萜内酯[1,2]。青蒿素类抗疟新药的发现是20世纪70～80年代中国多个研究单位的科研人员大协作的杰出成果，被认为是抗疟药研究史上的重大突破[3-7]。20世纪的越南战争中，疟疾蔓延流行，疟原虫对氯喹类抗疟药产生了抗药性，致使全球疟疾的年发病人数和患者死亡率急剧上升。寻找新结构类型的抗疟药成为全球研究的热点。1967年5月23日国务院成立523项目办公室，在全国范围内开展研究工作[8]。研究人员经过系统地收集历代医籍、本草，于1971年10月终于在经历大量失败后成功筛选了具有抗疟作用的中药青蒿。1972年从中药青蒿中分离得到抗疟有效单体，命名为青蒿素。嗣后，全世界掀起了研究青蒿及青蒿素的热潮。1973年经临床研究取得与实验室一致的结果，抗疟新药青蒿素由此诞生[1]。1976年中国青蒿素结构研究协作组得到青蒿素的分子结构[2]。随后，国内外研究人员在青蒿素化学结构的基础上，开发了一系列衍生物，如蒿甲醚、蒿乙醚、双氢青蒿素和青蒿琥酯等。青蒿素类药物是与已知抗疟药作用方式完全不同的新型抗疟药，具有高效、速效、低毒的特点。进入21世纪，世界上已经有51个国家和地区在世界卫生组织(WHO)推荐下将青蒿素衍生物列为抗疟指定用药。因此其来源植物青蒿的种质资源、引种驯化、高产栽培等方面的研究也成为热点。

1.1.1　青蒿素的分子结构和理化性质

1.1.1.1　分子结构

青蒿素分子式为$C_{15}H_{22}O_5$，相对分子质量为282.34，分子结构如图1-1所示。本品为(3*R*,5*aS*,6*R*,8*aS*,9*R*,12*S*,12*aR*)-八氢-3,6,9-三甲基-3,12-氧桥-12*H*-吡喃[4,3-*j*]-1,2-苯并二塞平-10(3*H*)-酮，是一种新型倍半萜内酯，有一个包括过氧化物的1,2,4-三噁烷结构单元，这在自然界中是十分罕见的，它的分子中有7个手性中心。它的生源关系属于非晶(amorphane)类型，其特征是A、B环顺联，异丙基与桥头氢呈反式关系，青蒿素中A环碳架被一个氧原子打断[9-11]。

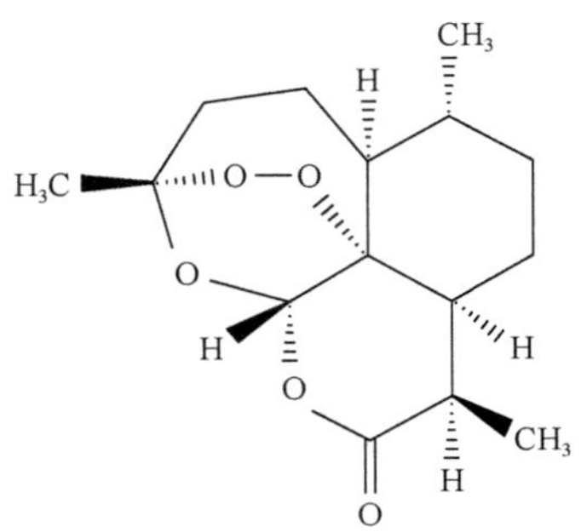

图 1-1　青蒿素结构式

1.1.1.2　物理性质

青蒿素是一种无色针状晶体，味苦。在丙酮、乙酸乙酯、三氯甲烷或苯中易溶，在甲醇、乙醇、稀乙醇、乙醚及石油醚中可溶解，在水中几乎不溶；在冰醋酸中易溶。熔点为 150～153℃。密度为 1.30 g/cm^3。比旋度为＋75°～＋78°[11]。因其具有特殊的过氧基团，对热不稳定，易受热、湿和还原性物质的影响而分解[10]。

1.1.1.3　化学性质

(1) 显色反应　是用以鉴定青蒿素的简便可行的方法，报道较多，主要有对二甲氨基苯甲醛缩合反应、异羟肟酸铁反应、2,4-二硝基苯肼反应、碱性间二硝基苯反应等。

(2) 过氧基团反应　青蒿素与三苯基磷反应可以证明青蒿素含有一个当量的过氧基，其做法是青蒿素在三苯基磷和二甲苯溶液中通氮气回流，再加甲醛及水搅拌，水洗有机层，合并水层及酸性溶液，加碱后，用无过氧化物的乙醚提取，无水硫酸钠干燥，除去乙醚，测得三苯基磷重量，结果证明消耗三苯基磷物质的量与青蒿素相近。

(3) 还原反应　青蒿素溶于甲醇，在冰浴中(0～5℃)搅拌，分次慢慢加入固体硼氢化钠，加完后继续搅拌 0.5 h，反应液用冰醋酸中和，减压除去溶媒，即得到半缩醛化合物的粗结晶产物。

(4) 氢解反应　青蒿素在含有钯-碳酸钙的甲醇溶液中，常温、常压下催化氢化，过氧化物被还原成油状化合物。若将其溶于有少量丙酮的正己烷中，放置 4～5 d，变为晶体化合物，而在重氮甲烷中则甲酯化得到甲酯化合物[10]。

(5) 与碱反应　将青蒿素溶于乙醇，加入 0.2%氢氧化钠，在 45℃的恒温水浴反应 30 min，可以定量地产生一种化合物(Q292)，该物质在 292 nm 处有最大吸收峰，在 pH 为 5.58～6.04 的条件下，又可定量地转化为化合物 Q260，该物质在 260 nm 处有最大吸收峰[12]。

(6) 与酸反应　青蒿素加入冰醋酸-浓硫酸混合液中摇匀，溶解，25℃放置 16～17 h，溶液呈浅棕黄色微带荧光，将反应液倒入等体积冰水中，搅匀，用氯仿提取 3 次，氯仿层水洗至中性，无水硫酸钠干燥，减压除去有机溶剂，得粗结晶，重结晶 2 次，即得片状结晶化合物，熔点 144～146℃，$[\alpha]_D^{10} = -16.2°(C = 2.1$ 氯仿$)$[10]。

1.1.2　青蒿素的提取、分离和精制方法

1.1.2.1　青蒿素的提取方法

青蒿素的提取方法主要是有机溶剂浸提法和超临界流体萃取法。

(1) 有机溶剂浸提法　传统工艺用有机溶剂萃取青蒿中的有效成分，然后用重结晶或柱层析等分离精制得到青蒿素。工艺路线一般为：干燥—破碎—浸泡—萃取(反复多次)—浓缩—粗品—精制。有机溶剂主要有醇类(甲醇、乙醇等)、醚类(乙醚、石油醚等)、烃类(正己烷、环己烷、二氯甲烷、氯仿、溶剂汽油等)和酮类(丙酮等)。提取方式主要有冷浸提取、加热搅拌提取、微波辅助提取、超声波强化提取、索氏抽提、回流提取等。该法优点是工艺路线成熟、易于工艺化。缺点是需经过多次萃取浓缩、步骤多、能耗高、周期长，同时部分溶剂逃逸会造成环境污染。

自 20 世纪 70 年代以来，各国学者研究尝试开发了各种有机溶剂的提取方法。杜小英等[13]、赵兵等[14]对青蒿素最佳提取工艺进行研究，分别用 70%乙醇、石油醚、120#溶剂汽油，以及乙醚、氯仿、正己烷、石油醚(30～60)为溶剂，结果表明石油醚是较适宜的提取介质。韦国锋等[15]对青蒿素不同提取工艺进行了研究，分别用丙酮、乙醇、石油醚、A 号油、B 号油为溶剂，比较了回流法和索氏法提取工艺，结果表明采用索氏提取法，以 B 号油为提取溶剂提取率较高、时间短、操作方便、耗油少。邓启华等[16]将连续逆流技术与超声波技术结合，应用到青蒿中青蒿素的提取实验中，加快了提取速率，同时使青蒿素的提取率达 89%；在青蒿素纯化精制中使用自制的复合溶剂 ZY-1 和复合沉淀剂 ZY-2，简化了操作步骤，同时提高了操作的安全性。微波辅助提取是微波和传统的溶剂萃取法相结合而成的一种萃取方法。Ganzler[17]首先在分析化学制样技术中应用微波萃取法，此后这方面的研究不断增加[18,19]。梁忠生[20]采用索氏提取法，分别以石油醚、环己烷、120#溶剂汽油为溶剂，对青蒿干粉进行有、无微波预处理的青蒿素提取比较实验，结果表明：微波处理可使青蒿素产率提高近 15 个百分点；用 120#溶剂汽油为溶剂，微波预处理功率 450 W、预处理时间 240 s、索氏提取时间 6 h，提取率和产率分别达到 0.49%和 88%以上。采用微波预处理青蒿干粉，可显著提高青蒿素的提取率。喻凌寒等[21]报道了一种应用快速溶剂萃取、经衍生化处理后用反相高效液相色谱(RP-HPLC)测定青蒿药材中青蒿素的方法。青蒿样品用无水乙醇萃取剂在 90℃，12.6 MPa 压力下萃取 10 min，用碱衍生化后，色谱测定，回收率为 95.3%～

101.2%。结果表明该法准确、重现性好，可以为青蒿质量标准的制定提供科学依据。周毅峰等[22]选用甲醇、乙醇、丙酮、氯仿、石油醚等有机溶剂，采用快速溶剂萃取法提取青蒿中的青蒿素，结合正交设计优化试验方法，研究得出青蒿素快速萃取的条件。结果表明，氯仿为最佳提取溶剂，青蒿素快速萃取的条件为：温度 120℃，时间 10 min，提取次数 3 次。

(2) 超临界流体萃取法　超临界流体萃取是一种新兴的萃取分离技术。超临界流体具有较高的扩散传质速率和溶解性能(通过改变 CO_2 密度和温度、压力等操作参数可改变青蒿素的溶解性)，在有效成分含量较低的天然药物等的提取分离方面有独特的优势。该方法将 CO_2 高压液化作为萃取剂，工艺路线简单(主要是加压逆流和减压蒸发)，周期短，常温可进行(青蒿素几乎不发生热裂解等化学反应)。CO_2 价格低、无毒、不燃、可循环使用、生产无环境污染。萃取物中杂质含量低，提纯简单，收率高，但一次性设备投资大，已广泛应用于食品、香料、石油化工及医药工业等领域[23,24]。钱国平等[25]研究了用超临界 CO_2 从青蒿中萃取青蒿素的影响因素：在 15.2～29.7 MPa 和 40～60℃，萃取压力和萃取温度升高，萃取率增大，萃取选择性下降。以萃取率和萃取选择性为目标，优化了超临界萃取工艺条件，得到了较佳的操作条件。

(3) 其他方法　韦国锋等[26]研究用大孔吸附树脂提取青蒿素，取得了良好的结果。ADS-17 树脂对青蒿素具有很好的吸附和分离性能，可用于工业化生产。

1.1.2.2　青蒿素的分离和精制方法

大规模生产中，非挥发性成分主要采用有机溶剂提取、柱层析及重结晶分离。尽管进行了一些其他提取分离方法研究，如超临界萃取，但由于存在投资大等问题未能用于大规模生产。张玲等[27]用青蒿干燥茎叶粗粉经石油醚提取浓缩，浸膏经过硅胶柱，用不同配比的乙酸乙酯洗脱，用薄层层析法(TLC)跟踪，紫外法(UV)测定。结果为 39～48 号收集液青蒿素含量达 99.38%，收率 62.13%，此方法可有效地分离提纯青蒿素。胡淼等[28]采用薄层层析-硅胶柱层析法考察不同展开剂的层析效果。结果表明：硅胶柱层析纯化青蒿素的最佳操作条件为洗脱剂空塔流速 0.5 cm/min，进样量 18.9 mg/mL 柱体积，甲醇再生 2 倍床层体积。青蒿素含量可由原来的 15%提高到 70%以上，回收率达 90%。经过重结晶精制，产品中青蒿素含量超过 99.5%，表明硅胶柱层析纯化青蒿素所得产品符合质量要求。

1.1.3　青蒿素的分析方法

1.1.3.1　定性分析方法

(1) 薄层层析法　吸取一定量样品青蒿素溶液，点样于以硅胶 G 或硅胶-CMC-Na 制作的薄板上，采用石油醚(60～90)-乙酸乙酯(8：2)或苯-乙醚(4：1)作展开剂，再以香草醛浓硫酸（φ=1%）作显色剂，结果是青蒿素呈鲜黄色斑点，继而又变为潮蓝色[10]。

或用 110℃活化 1 h 的层析硅胶片，点样后，以石油醚（60～90）-乙醚（3∶2）为展开剂，展开后晾干，以 0.25 g 对二甲氨基苯甲醛溶于 50 mL 冰醋酸、5 g（φ=85%）磷酸和 20 mL 蒸馏水的混合液作显色剂，80℃烘箱中烘 30 min 取出，呈蓝紫色斑点[11]。

⑵ 显色法　将青蒿素的显色反应用于青蒿素的检识。

1.1.3.2　定量分析方法

定量分析方法应与相应的提取分离方法联系在一起。目前的研究热点虽然主要集中于探索青蒿素的提取分离方法，但有效提取后仍需要一种准确的方法来进行定量测定，这也是一个亟待解决的问题。

⑴ 结晶称重法　金玲和居明秋[29]将植物青蒿的丙酮浸渍液经硅胶柱层析分离，先以石油醚洗脱 3 个流分，再以乙酸乙酯-石油醚混合溶剂洗脱，回收流分后抽干溶剂，收集青蒿素针状结晶，60℃恒温干燥后称其重量，测定了引种于云南、广西的青蒿素含量高的种子在江苏地区种植后的青蒿素含量。

⑵ 分光光度法　梁忠生[20]、沈旋坤和严克东[30]将提取的青蒿素浸膏，用 95%乙醇溶解，将溶解后的溶液用 25 mL 容量瓶定容，吸取定容后的样品溶液 1.50 mL，分别置于 25 mL 容量瓶中，以 95%乙醇补充至 5 mL，并加入 0.2% NaOH 溶液至刻度，充分摇匀，在（50±1）℃恒温水浴中反应 30 min，取出冷却至室温，以不含青蒿素的溶液为空白，用分光光度计在 292 nm 波长处测定各样品溶液的吸光度，用吸光度-浓度标准曲线方程计算浸膏样品青蒿素含量。李春莉等[31]、周浓等[32]对紫外分光光度法测定青蒿素含量做了较详细的研究，运用此紫外分光光度法测定青蒿素含量，简便准确、灵敏度高，为青蒿植物质量评价和筛选收购优质青蒿提供了快速测定的参考。

⑶ 薄层层析法　赵永成等[33]以薄层层析法，选择硅胶 G 板，石油醚（60～90）-乙醚（60∶40）为展开剂，碘熏显色后刮取青蒿素黄色带，以碱处理法转化，在 292 nm 波长处测得吸收度，按回归方程计算含量，对云南昭通地区产不同季节青蒿全株各部位进行含量测定，结果表明，不同采收时间、青蒿不同部位的青蒿素含量差异较大。采用同样薄层层析条件，但使用对二氨基苯甲醛、冰醋酸、磷酸和去离子水的混合液作为显色剂，青蒿素显蓝紫色斑点，再用公式计算其含量。采用薄层扫描法，将薄层技术与光密度计和电子计算机结合起来，该方法灵敏准确、简便快速、专属性好，优于薄层层析法。

⑷ 红外光谱法　刘炳玉等[34]用 Bio-Rad FTS-65 A 型傅里叶变换红外光谱仪、DTGS 测定器、氯化钠液体池（厚度 0.62 mm）、青蒿素标准品（99.8%）、四氯化碳

等，通过差示光谱技术分析，建立了青蒿素的红外光谱定量方法。该方法具有操作简便迅速、回收率高、精密度好等优点。刘浩等[35]采用近红外光谱数据及其小波变换处理后的小波系数，以偏最小二乘法建立模型并预测预示集中青蒿样品的青蒿素含量。结果表明：小波变换充分提取了近红外光谱的信息，数据压缩为原始数据量的 3.3%。利用 C^5 小波系数对青蒿样本进行建模并预测，预示集的均方根误差(root-mean-square error of prediction，RMSEP)和相关系数平方(r^2)分别为 0.544‰和 0.988。

(5)柱前衍生高效液相色谱法　张荣沭等[36]参照文献[37～41]，采用柱前衍生高效液相色谱串联紫外检测法(HPLC-UV)测定青蒿植物中青蒿素含量，详细研究了衍生化条件对 HPLC-UV 测定青蒿中青蒿素含量的影响。同时，改进了青蒿中青蒿素的柱前衍生 HPLC-UV 测定方法，即青蒿素标准品溶液(或青蒿提取浸膏)以 95%乙醇补充(溶解)至 15.0 mL，再加入质量分数为 0.2%的 NaOH 8.0 mL，45.0℃水浴 30 min 后冷却至室温，加入 0.08 mol/L 的 HAc 10 mL 摇匀，以 95%乙醇定容至 50 mL 容量瓶中；HPLC 分离，260 nm 紫外测定。所得方法测定线性范围为 0～300 mg/L，相对标准差(RSD)值为 1.40%，平均回收率 100.1%。用该方法测定了黑龙江省引种的青蒿提取物样品，稳定性 RSD 值为 4.35%；重现性 RSD 值为 4.96%，表明该方法简单、稳定、重现性好。

(6)柱后衍生高效液相色谱法　申薇薇等[42]采用反相高效液相色谱(RP-HPLC)-柱后衍生化-紫外测定法，流动相为乙腈-甲醇-乙酸盐缓冲液(pH 4.0)(60∶20∶20)，流速 0.5 mL/min；衍生试剂为 1 mol/L 氢氧化钾的 90%乙醇溶液，流速 0.3 mL/min；反应温度 70℃，柱温 30℃，测定波长 289 nm。结果为青蒿素在 50～2000 mg/L 线性关系良好；日内、日间精密度 RSD 均＜2%；平均回收率 98%～102%，表明该法准确、简便、重现性好，可用于青蒿素及其制剂或提取物的质量控制。

(7)气相色谱法　陈迪钊和刘坚[43]以气相色谱法研究了青蒿素的热稳定性、分解行为及气相色谱分析方法。在色谱图上发现，青蒿素热分解有两个主产物，经推测可能为分解或重排产物。还发现前期流出的产物与青蒿素浓度有线性关系，据此可对青蒿素含量进行分析。

1.1.4 青蒿素的药用价值

在青蒿素类抗疟药物中，青蒿素是最早被发现具有抗疟作用的活性物质。后来人们对青蒿素化学结构进行了改造，人工合成了双氢青蒿素、蒿甲醚、蒿乙醚和青蒿琥酯等衍生物。这些衍生物保留了原有的过氧桥结构，但稳定性更好，杀伤疟原虫的作用更强，对耐药性的疟疾也有很好的治疗作用[44-52]。青蒿素单药治疗疟疾作用显著，而联合治疗疟疾效果更佳。不仅如此，青蒿素类药物均有抗血吸虫作用[53,54]、抗弓形虫作用[55]、抗肿瘤细胞毒性[56-60]、免疫调节作用[61]、抗心律失常作用[62]、抗纤维化[63]、抗孕[63]等作用。此外，双氢青蒿素对杜氏利什曼原虫有显著抑制作用，青蒿提取物还可杀灭阴道毛滴虫和溶组织内阿米巴滋养体[53]，其作用机制、特点、应用研究仍处于初级阶段，有待于进一步开发[45]。

1.2 利用良种栽培青蒿提高青蒿素产量的研究

青蒿因含有青蒿素而在药用植物中占有重要地位。就现阶段的技术而言，人工合成青蒿素尚不经济可行，仍需要从原植物中提取。蒿属几百种植物除青蒿外，尚未发现其他种含有青蒿素，蒿属乃至菊科植物中数以千计的各类化学成分，尚未发现青蒿素以外的成分具有抗疟作用[64]。全世界70%的青蒿资源集中在我国，青蒿素的生产均靠野生青蒿资源，但其分布分散，产量不稳定，且类似的种类较多，类型混杂，青蒿素含量低(0.4%～0.7%)，这给青蒿素生产带来一定的困难[65]。因此，人工种植青蒿将成为近几年内中药材栽培研究的热点之一，各国学者对青蒿的生物学特性、引种青蒿的产量与青蒿素含量、栽培技术、栽培措施对青蒿产量与青蒿素含量的影响、播种时间、繁殖、收获等方面做了大量研究，旨在推进其栽培研究进程，为人工种植青蒿药材基地建设奠定基础。

1.2.1 青蒿种质资源

青蒿系世界性广布种，其青蒿素含量随产地不同差异极大，除我国少数地区的青蒿外，世界大多数地区的青蒿中青蒿素含量都很低，一般在0.2%以下，无生产价值。青蒿在中国较常见，南北各地均有生长，主要分布在广东、广西、贵州、云南、四川、重庆、湖南等地，含量一般为0.6%～0.8%。因此，我国具有明显的资源优势[66]。

青蒿分布广泛，我国从海拔50 m的沿海地带至海拔3650 m的青藏高原均有分布，具有多种生态型[67, 68]。但不同地区不同生态条件下的青蒿中的青蒿素含量不同，尤其重庆酉阳的栽培品种青蒿素含量较高，个别株系青蒿素含量达1.2%～1.5%。广西产青蒿植物中青蒿素含量达1.2%，靖西、德保、田阳一带为0.3%[69]。钟国跃等[66]和钟凤林等[70]研究结果表明：华中地区中亚热带常绿阔叶林武陵山地区内的青蒿中青蒿素含量普遍较高，平均为0.48%～0.88%，最高可达1.02%。同一分布区内，生长在石山上的青蒿类型青蒿素含量较高。江苏高邮盛产青蒿，但青蒿素的含量仅为 0.09%～0.16%[29]。齐向娟等[71]测得天津地区青蒿中青蒿素平均质量分数为5.0377 mg/g(即0.503 77%)，由此认定天津地区的青蒿资源具有开发利用的前景。陕西凤县青蒿中青蒿素的含量为0.196%～0.230%[72]。内蒙古东北地区青蒿资源丰富，但是青蒿素的含量仅为0.12%～0.17%[73]。桂、黔、川青蒿资源丰富，青蒿素含量也较高，可见，我国的青蒿产业具有广阔的开发前景。

在国外，以越南的青蒿中青蒿素含量较高，其叶中的青蒿素含量可高达0.86%[74]。另外，印度一些地区的青蒿中青蒿素的含量在叶中可高达 0.42%[75]，生长在欧洲的青蒿中青蒿素含量为 0.03%～0.22%[76,77]。生长在美国的青蒿，青蒿素含量平均为 0.05%～0.21%。其他国家和地区的青蒿中青蒿素含量一般在 0.2%以下[78]。但由于青蒿是一种短日照植物，在热带地区不等生长到足够的生物量就会开花，所以不适于生长在热带地区。

1.2.2 青蒿的人工栽培技术

青蒿素主要存在于青蒿植物的叶片中，进行青蒿栽培的目的就是要获取高产量和高青蒿素含量的叶片。近年来由于对青蒿素需求量的增大，把青蒿驯化为一种可以栽培的作物已成为科研工作者的研究热点。取得较好效果的国家有澳大利亚、比利时、印度、瑞士、美国和越南[79,80]。相关的试验研究表明，种源、生态环境、播种时间、基肥种类和追肥、栽培密度、采收时期等对青蒿生物量及青蒿素含量均有显著影响。

1.2.2.1 生境和种源

青蒿喜温暖、阳光，忌水浸，不耐荫蔽。光照对青蒿素含量的影响较大，对土壤质地及 pH 要求不严，pH 5.4～5.7 对叶片产量及青蒿素含量无大的影响，但性喜开阔向阳的湿润环境，且排水良好、微偏酸性的少宿根性草本植物的黄壤、冲积土和紫色土[69]。青蒿具有种子驯化现象，经多年种植后，青蒿素含量明显升高[81]。韦霄和李锋[82]对广西栽培青蒿的生物学特性进行了比较详细的研究，认为青蒿适应性和抗逆性强，在栽培条件下，能正常发育、开花、结籽，种子繁殖能力强，植株生长较野生好。对于引种方面，主要是将南方高青蒿素含量的青蒿引种到北方种植，其青蒿素含量均明显高于当地野生青蒿[31]。

1.2.2.2 育苗

青蒿种子于 10 月中旬以后采收，晒干或阴干，除去茎、叶，然后用 1 mm 细筛过筛，以瓶装置于低温（3～6℃）或常温通风干燥处储藏 6 个月均比袋装储藏保持较高的发芽率。苗床宜选在地势较高、有水源、灌排方便、背风向阳的地方。播种基质可选用沙壤土或草皮灰，施足农家肥。苗床宽 100 cm，高 20 cm，要整细整平。

不同类型、播种期、播种基质及种子储藏方法对青蒿种子发芽有显著的差异。青蒿从采收后至次年 5 月中旬都可播种，但 2 月中旬至 3 月中旬是播种最佳时期。一般采用条播，条距 15 cm，沟深 1～2 cm。播种量为 600～750 g/hm^2。种子与细沙混匀后，均匀撒在沟内，然后盖上一薄层土，盖土以不见种子为度。有条件的覆盖上一层稻草。种子撒播后，要及时淋水，苗期注意保持苗床湿润[83]。

1.2.2.3 选地整地

青蒿适应性强，一般土壤都能栽培。高产栽培应选择阳光充足、土壤较深厚、质地疏松、保水保肥性强的沙壤或黏壤土。将土壤深翻 20～30 cm，整碎，除去杂草，开沟起畦，畦宽 100 cm，高 20 cm，沟宽 20 cm。平整畦面，施基肥，每公顷用腐熟农家肥、草皮灰等 37.5～52.5 t，再加 375～525 kg 钙镁磷肥或过磷酸钙。腐熟农家肥以鸡粪为好[83]。

1.2.2.4 移栽

当幼苗出现 4 片真叶以上时即可移栽，免灌或少灌水。移栽时做到苗下根舒展，培土以刚覆盖根颈部即可，每穴栽 1 株苗，淋足定根水[83]。

1.2.2.5 田间管理

幼苗期(6 片真叶前)的水分管理尤其重要，土壤干旱或水分过多都影响正常生长，应及时灌溉和开沟排水。封行前注意中耕除草，松土工作一般在追肥前进行。

当苗高长到 40 cm 左右时，进行打顶摘心，一般摘去顶尖 3～4 cm，以促进青蒿多生分枝及加快分枝生长，提高产量。

追肥。在苗期和生长盛期各追肥 1 次，以淋施为主，即 4 月上旬施一次尿素加过磷酸钙；5 月下旬追施一次复合肥。尿素浓度为 0.4%，过磷酸钙为 1%，复合肥为 0.4%～0.5%[83]。

李典鹏等[84]对广西不同产地的青蒿分析比较表明：人工栽培的青蒿素含量比野生高。这说明人工施肥、人工护理等有利于青蒿素积累。适当施肥可提高青蒿素含量，人工栽培比野生青蒿中青蒿素的量平均升高 31%～84%，施 N、P、K、NPK 复合肥可分别增产 61%、37%、53%、168%，用含 NPK 的复合肥可使青蒿素含量增加 5%～10%。基肥及追肥种类对青蒿素含量的影响极显著，施用基肥和追肥与否对青蒿素含量的影响不明显[65]。以鸡粪或混合肥作基肥，用尿素或过磷酸钙在苗期和生长盛期各追肥两次较好[64]。

病虫害防治。青蒿抗逆性强，病虫害较少。青蒿的主要病害是白粉病和茎腐病。白粉病，又名冬瓜粉病，6～7 月发生，以危害叶片为主，用可湿性‘粉锈宁’兑水 1000～1500 倍喷雾防治，或石硫合剂喷雾防治，茎腐病可用‘灭病威’和‘托布津’防治[85]。青蒿的虫害主要有地老虎幼虫、金龟子、蚜虫、钻心虫、菊花瘿蚊等。地老虎幼虫在苗移栽后就出现，从根部咬断移栽苗，前期危害比较严重。钻心虫钻食茎部，危害时期很长，可造成茎顶端枯死。可用辛硫磷、‘晶体敌百虫’、‘乐果’、‘杀虫双’、‘敌敌畏’等农药防治。金龟子、蚜虫多以成虫吸食茎叶汁液为主，严重时可造成茎叶发黄枯死，可用 40%‘乐果’1000 倍液或 20%‘速灭杀丁'、蚜虱净喷雾防治。菊花瘿蚊是青蒿的一种毁灭性害虫，虫瘿大量发生时很难防治，危害重的植株虫瘿累累、生长缓慢、矮化畸形、叶片萎缩。防治措施为清除田间菊科植物杂草(如三叶鬼针草、野菊等)，减少虫源；避免从菊花瘿蚊发生严重地区引种青蒿苗，因为菊花瘿蚊发生较早，青蒿苗期即可带卵和初孵幼虫；发现虫瘿时，及时人工摘剪深埋；及时采收青蒿叶，如果 7 月下旬菊花瘿蚊危害严重，虫瘿日益增多，可提前采收。在青蒿苗期(4 月中旬)移栽前喷施 10%'吡虫啉' 1000 倍液或 90%'杀虫单' 500 倍液或 48%'乐斯本' 1000 倍液 1 次，可以防治第一代幼虫的出现；进行虫情调查，在种植地虫瘿初现期及时喷施上述农药(采收前 15 d 内禁用)[86]。

1.2.2.6　采收及收获后处理

青蒿不同生育时期叶片中青蒿素含量差异显著。采收期对青蒿产量及青蒿素含量有很大影响，不同产地青蒿的适宜采收期存在差异，各地区以获取最大的青蒿素产量确定采收期。陈海梅[87]认为 9 月中下旬青蒿现蕾期(田间有 10%植株现蕾)即可收获，因蕾期青蒿素含量达 0.986%～1%，为适宜收获期。收获时选择晴天，砍倒主秆，在大田晒 1 d 后，第 2 天收到晒场晒干，打落其叶子，叶子继续晒制，直到用手抓有扎手感觉时交售。收获质量要求无枝干、无杂质、无枯叶、无霉叶，叶呈青绿橙黄色。Singh 等[88]认为应在开花期采收，山东以 9 月花蕾期采收最好[81]。钟凤林等[70]认为青蒿的采集期在生长盛期至花蕾期之前，采集的时间以晴天中午 12 时至下午 16 时为宜，在这期间采收的植株青蒿素含量最高。

收获后处理亦有不同的研究结论。Ferreira 和 Janick[89]用高效液相色谱串联蒸发光散射检测器(HPLC-EC)的方法比较了冷冻干燥、烘干(40℃)和室内晾干等 3 种干燥方法，发现室内晾干这种方法最好，青蒿素含量较其他两种方法高，室内晾干 2～8 d 对青蒿素的含量没有影响。而 2 min 微波炉处理(使用最高功率)5 g 新鲜的叶片样品，发现青蒿素被全部破坏，5 min 微波处理(50%功率)发现 50%的青蒿素被微波破坏。然而，同样用 HPLC-EC 测定发现，用微波(50%功率)处理青蒿素标准品溶液 5 min，却没发现青蒿素损失[90]。

1.2.2.7　留种

青蒿留种的种植密度以条距 25 cm，株距 15～20 cm 为好，如此植株长势强，开花结实多，种子产量高[83]。

1.2.3　青蒿良种繁育

近年来，人们开始从种质资源出发选育出青蒿素含量高且稳定的青蒿品种。目前种植的青蒿，虽然有高青蒿素含量群体的报道，但还没有真正意义上的栽培品种[91]。我国青蒿品种选育研究从20世纪80年代末开始，陈和荣[92]用秋水仙碱处理青蒿种子，选育出了青蒿素含量高、营养体重量显著增加等优良性状的青蒿新品系‘京厦Ⅰ号’。广西筛选出了青蒿素含量在1.11%以上的4个类型[93]。黄正方等[94]对青蒿的形态与青蒿素含量之间的相关性做了一些研究，认为白秆、叶黄绿色、深裂的青蒿，其青蒿素含量较高。1991～1997年，重庆市药物种植研究所在酉阳县青蒿类型中选育出青蒿素含量为1.0%的青蒿良种。

国际上开展了许多青蒿素高产青蒿株系的选育工作。用中国的青蒿种源与意大利、南斯拉夫和西班牙起源的青蒿花粉杂交，杂交子代中青蒿素含量分别达到0.64%、0.73%和0.95%[95]。Pras等[96]报道，在实验室中的高产株系在大田中仍然保持高产。已有文献表明，温室和大田培养的青蒿植株在青蒿素含量上具有高度相关性，故温室培养青蒿素含量可以作为一个评估大田青蒿的指标。在长日照下温室中评价青蒿高产株系的体系可以用来评价和筛选大田用的高产株系[97]。Elhag等[98]在筛选高产青蒿植株时也发现高青蒿素含量的植株具有长的节间、茁壮的茎秆、伸展开的枝条和茂密的叶。Ferreira等[99]在温室和田间条件下对青蒿素产生的广义遗传性状进行分析，发现青蒿素的含量高低是由遗传性状决定的，并且在这两种栽培条件下，未开花的青蒿在长日照条件下青蒿素含量差异很小，因此长日照的温室培养条件是筛选青蒿高产系较理想的系统，挑选的优良品系可以在短日照条件下诱导开花进行育种实验，然后对后代性状分析可能获得青蒿素的高产系。高产株系可以在短日照条件下杂交以保持遗传性状。

青蒿素含量的变化表明青蒿的遗传基础不同。1999年，印度研究者Sangwan等[100]利用分子标记技术对产于印度的青蒿进行分析，发现不同基因型的青蒿之间存在很高的多态性，他们利用非加权组平均法(unweighted pair-group method with arithmetic means，UPGMA)分析系统分析随机扩增多态性DNA(random amplified polymorphic DNA，RAPD)标记结果和不同基因型青蒿植物化学特点的资料，发现青蒿植株之间化学物质的巨大差异根本上源于遗传性状的多态性。这说明用遗传学手段选育青蒿得到青蒿素高产系是可能的。Wallaart等[101]通过秋水仙碱处理得到四倍体青蒿，发现四倍体青蒿中青蒿素含量比二倍体提高38%，且其叶片比二倍体青蒿大得多，但是四倍体青蒿比二倍体青蒿矮小，因此四倍体青蒿的生物量较小，青蒿素产量比二倍体青蒿低25%。尽管如此四倍体青蒿仍然是选育生长快、青蒿素含量高的青蒿植株的良好材料[102]。

1.3 利用化学合成提高青蒿素产量的研究

如何高效制备青蒿素一直是近年来研究的热点问题。化学合成青蒿素这一复杂的天然分子是有机化学家所面临的挑战。中国科学院上海有机化学研究所对青蒿素及其一类物的结构和合成进行了大量的工作。1986 年我国学者报道了青蒿素的全合成途径，其合成以 *R*(+)-香草醛为原料，经十几步合成青蒿素，合成途径如图 1-2 所示。国外也以不同原料为出发点进行青蒿素及其一类物的化学合成研究。目前，虽然有报道利用化学合成的方法获得了青蒿素，但由于青蒿素有多个手性碳原子，合成步骤非常复杂、产率低、成本高，从而很难应用于工业化生产[103]。

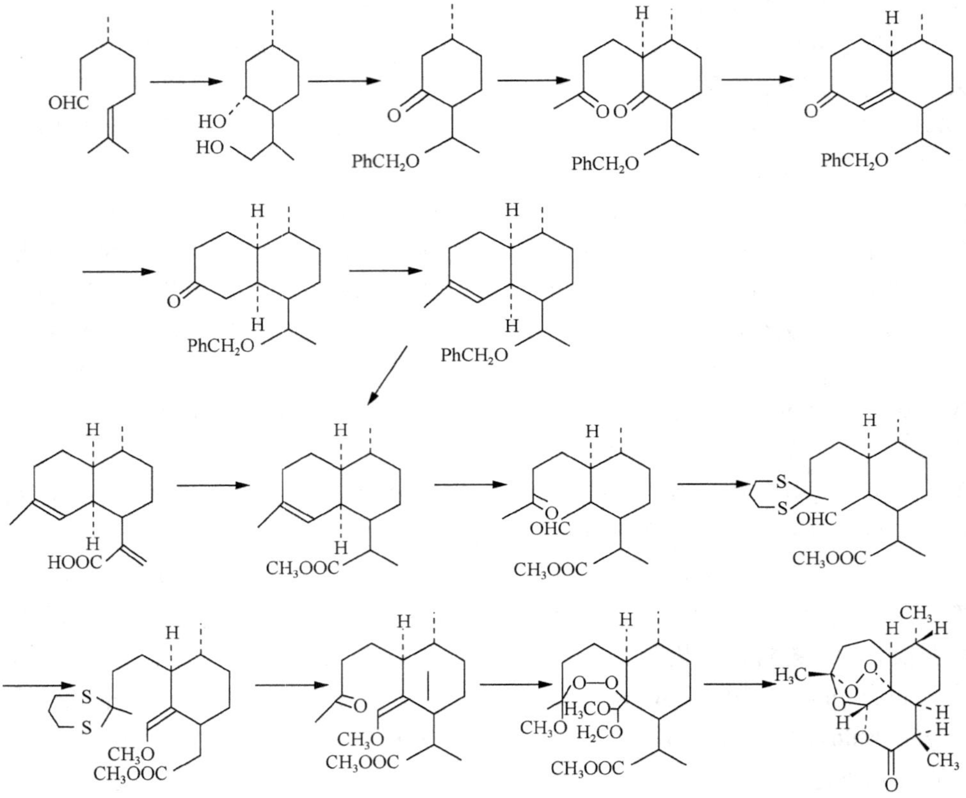

图 1-2　青蒿素化学合成途径[102]

1.4　利用生物技术提高青蒿素产量的研究

自从青蒿素被发现以来，科学家便通过各种手段试图提高青蒿素的产量，但未能取得突破性进展。随着基因工程等生物技术的迅速发展，特别是自 20 世纪 90 年代，组合生物合成(combinatorial biosynthesis，是指将不同生物体来源的基因组合在微生物体内生产生物活性物质的方法)概念的提出[104]，标志着人类应用生物技术又迈进了一个崭新的阶段，这为低成本获取青蒿素开辟了一条新途径(图 1-2)，并已表现出非常诱人的前景，但要真正实现工业化生产，还有一段历程。

1.4.1 青蒿素生物合成途径

青蒿素的生物合成途径属于植物类异戊二烯代谢途径。目前，青蒿酸和二氢青蒿酸的生物合成途径已完全了解，从二氢青蒿酸到青蒿素的途径与机制也在近年被揭示。但是，从青蒿酸到青蒿素的转化途径目前还没明确。目前主要有两个假说，其一，认为青蒿酸首先转化为二氢青蒿酸，然后再经过二氢青蒿酸的途径转化为青蒿素，但近年的研究结果并不支持这种假说；其二，认为青蒿酸有一条独立于二氢青蒿酸的转化途径，虽然该途径还未完全弄清楚，但已有更多的研究支持这种说法，并且目前的研究结果显示，该途径可能是青蒿素在青蒿体内的主要生物合成途径，与二氢青蒿酸自发氧化途径不同，至少有两种酶参与[105-120]，推测的青蒿素生物合成途径见图 1-3。

1.4.2 大肠杆菌工程菌生产青蒿素

青蒿素生物合成的相关基因是在微生物中构建完整的青蒿素合成途径必不可少的元件。从青蒿素组合生物合成研究的发展历程可以看出，从 *ADS* 基因的发现到成功实现利用微生物高效生产青蒿素第一个特异前体紫穗槐-4,11-二烯，中间只用了 2 年多的时间，而细胞色素 P450 单氧化酶基因的克隆与青蒿酸的酵母工程菌的生产几乎在同一年内完成。因此，可以说克隆青蒿素生物合成相关的新基因是推进该研究领域划时代发展的重要因素[120]。

(1) 5-磷酸脱氧木酮糖甲羟戊酸(DXP)途径的基因调控　法尼基焦磷酸(FPP)是大肠杆菌合成辅酶 Q 和细胞壁必不可少的物质，同时它又是青蒿素等具有重要药理作用的类异戊二烯生物合成的先导物质，这为利用大肠杆菌生产青蒿素提供了必需的物质基础。通过对 DXP 途径关键酶的基因调控：在一定程度上提高了类异戊二烯化合物的产量，但由于 DXP 代谢途径调控复杂，特别是异戊烯基焦磷酸(IPP)和二甲基烯丙基焦磷酸(DMAPP)存在两个生物合成分支，从而制约了目标物质产量的进一步提高[121-125]。

(2) 外源甲羟戊酸(MVA)途径的构建　Martin 等[126]绕过 DXP 途径，通过将酵母中 MVA 途径中 8 个关键酶基因组合，在大肠杆菌体内构建了一条外源 MVA 途径。MVA 途径构建在两个操纵子中较在一个操纵子中表达所积累的目标代谢产物水平要高[127]。

(3) 青蒿素生物合成相关基因的导入　2001 年，Martin 等[128]和 Pitera 等[129]将青蒿中 *ADS* 基因导入大肠杆菌，获得了紫穗槐-4,11-二烯，并消除了 FPP 对工程菌的毒害作用。为了提高植物 *ADS* 基因在大肠杆菌中的表达水平，Martin 及其合作者采用点突变的方法，对 *ADS* 基因密码子进行了优化，结果紫穗槐-4,11-二烯产量提高了 30～100 倍[126]。

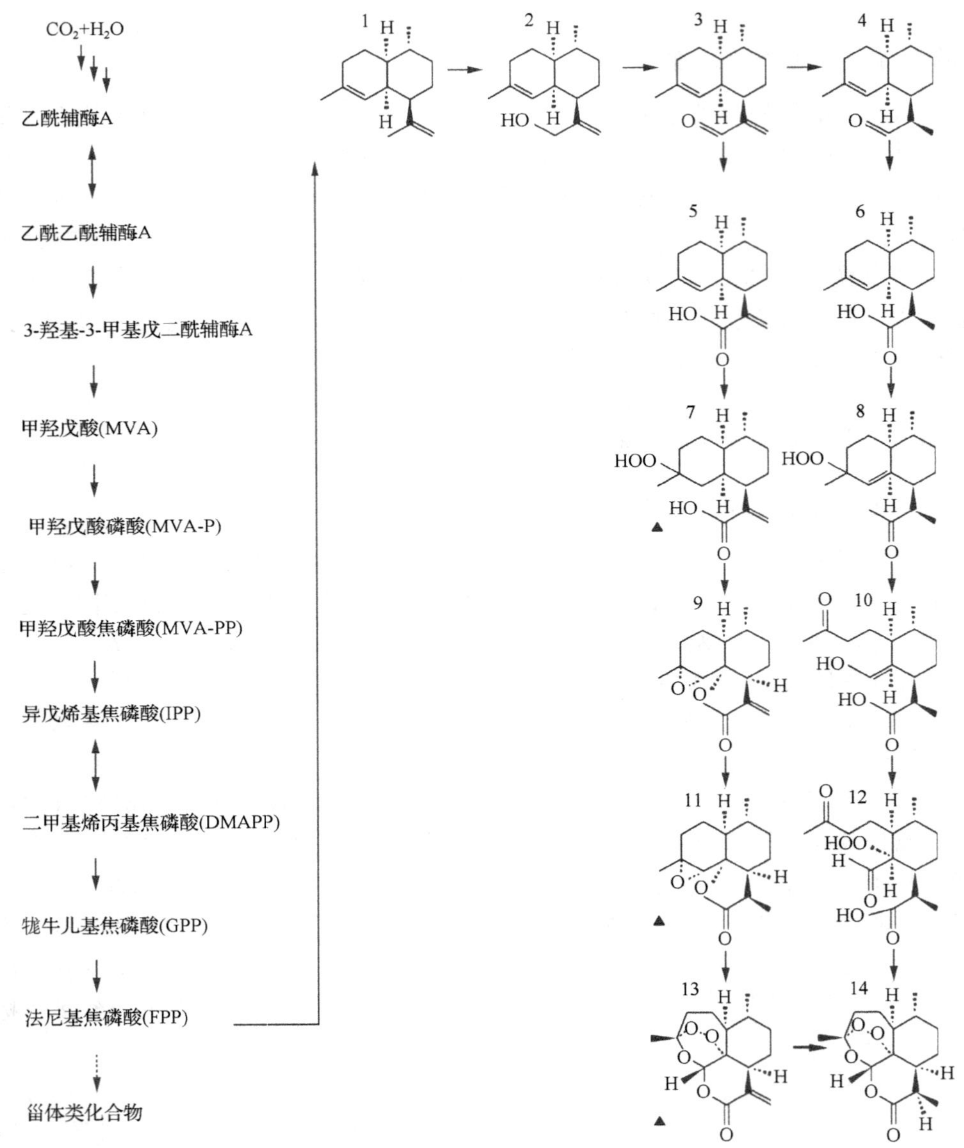

图 1-3　推测的青蒿素生物合成途径[120]

1. 紫穗槐-4,11-二烯；2. 青蒿醇；3. 青蒿醛；4. 二氢青蒿醛；5. 青蒿酸；6. 二氢青蒿酸；7. 青蒿酸氢过氧化物；8. 二氢青蒿酸氢过氧化物；9. 青蒿素 B；10. 未命名；11. 双氢青蒿素 B；12. 未命名；13. 青蒿烯；14. 青蒿素；▲表示可能的青蒿素生物合成前体

1.4.3　酵母工程菌生产青蒿素

应用现代发酵工程技术，建立高效的菌株发酵和产品纯化回收工艺，是实现

青蒿素工程微生物规模化生产的重要途径。目前利用代谢工程改造的微生物合成青蒿素仍处在实验室水平，还未实现工业化生产。

(1) 青蒿素生物合成相关基因导入　酵母是单细胞真核生物，无论在蛋白质的翻译后加工、基因的表达调控还是生理生化上，都与植物十分相似，酵母表达系统是一种理想的植物细胞基因表达体系[110,129]。

(2) MVA 途径的分子调控　3-羟基-3-甲基戊二酰辅酶 A 还原酶（HMGR）催化 3-羟基-3 甲基戊二酸单酰辅酶 A（HMG-CoA）形成 MVA，由于 MVA 的形成是一个不可逆过程，因此 HMGR 被认为是动物、植物和真菌的类异戊二烯代谢途径的一个限速酶[130,131]。

(3) 丙酮酸脱氢酶旁路调控　虽然通过对 MVA 生物合成途径的调控有效提高了紫穗槐-4,11-二烯的量，但 MVA 生物合成途径的起始物乙酰辅酶 A 的供应不足是进一步提高产量的瓶颈[132]。Starari 等[133]对沙门氏杆菌乙酰辅酶 A 合成酶调控进行了深入的研究，结果发现，乙酰基转移酶对乙酰辅酶 A 合成酶 609 位点的赖氨酸乙酰基化，则乙酰辅酶 A 合成酶失活，烟酰胺腺嘌呤二核苷酸磷酸（nicotinamide adenine dinucleotide phosphate，NADP）依赖性 Sir2 蛋白催化乙酰辅酶 A 合成酶脱去乙酰基，从而使其恢复酶活性。Shiba 等[134]通过高拷贝质粒载体将沙门氏杆菌乙酰辅酶 A 合成酶去乙酰基化位点基因 *L641P* 与 *ALD6* 基因转入 Ro 等构建的产紫穗槐-4,11-二烯工程酵母中，结果紫穗槐-4,11-二烯的量提高了 1.9 倍。

综上，组合生物合成已成为生产具有重要药理活性物质研究领域中的热点和重点研究方向，并日益表现出了它的优越性。虽然目前还没有构建青蒿素的完全生物合成途径，但在不久的将来，利用廉价易得的碳源为底物的微生物生物合成法有可能成为制备青蒿素的主要方法。

1.5　木霉菌的促生作用

1.5.1　木霉菌简介

木霉菌（*Trichoderma* spp.）是自然界中普遍存在的土壤习居真菌，属于半知菌亚门丝孢纲丝孢目黏孢菌类，是一类重要的生防因子和植物促生根际菌（plant growth promoting rhizobacteria，PGPR），在农林业生产实践中体现出很好的病害防治效果和明显的增产作用。木霉菌对植物的影响主要是通过它们对植物的寄生作用[135-138]。木霉菌有很强的根部定植能力，并且能在植物根际部位分泌一些物质，这些物质不仅能抑制病原真菌的生长或为植物的生长提供养分，还能通过调节植物体内激素水平[135,139-141]、固定大气中的氮[142]、提高植物对磷的吸收[143]，以及通过产生铁载体提高植物对矿物质的吸收[144]，从而促进植物生长。

迄今为止，生物学家已经进行了大量关于木霉菌对植物病原真菌拮抗作用的研究，并深度分析了其拮抗机制。研究发现，木霉菌至少在植物体内或体外对 18 个属 29 种病原真菌表现出拮抗作用[145]。目前，木霉菌对植物病害的防治效果已经在很多应用试验中得到验证，特别是对烂皮病菌、腐霉菌、镰刀菌等引起的植物病害具有很好的防治效果[4]，而且已有很多商品化的木霉菌制剂问世[146-148]。

1.5.2 木霉菌对植物生长促进作用的研究进展

作为一种新型干净的能源，木霉菌促进植物生长方面的研究已成为全球各界关注的焦点和热点。目前，国内外已报道了大量关于木霉属菌株促进植物种子萌发、植株的生长和开花、提高作物产量等方面的研究[149-151]。早在 1986 年，Windham 等就研究了哈茨木霉菌和康宁木霉菌对植物的促生长作用，结果与对照相比明显提高了植物的发芽率和出苗率，还增加了植株干重[152]。田间条件下用深绿木霉诱导处理番茄，根、茎和叶的干重比对照组增加 3 倍，明显提高了作物产量[141]。用不同的木霉菌发酵液分别对水稻、小麦进行浸种处理，对比种子萌发过程中的发芽率和根系生长状况，发现 50 倍稀释的哈茨木霉发酵液促生效果最好，不仅显著提高了种子发芽率，还促进了幼苗生长、分蘖，增加了生物量[153]。用哈茨木霉 T12 菌株处理田间甜玉米，诱导一段时间后，发现经哈茨木霉 T12 诱导后甜玉米的出苗率和干物质量均得到一定的提升[154]。后期研究者将木霉菌加入合理配比的有机物当中，制备成有机菌肥施加于作物，结果表明，与不施加木霉菌肥的对照及常规肥相比，木霉生物有机肥能够显著促进作物的营养生长和生殖生长，提高作物的产量[155,156]。

随着研究的深入，人们发现木霉菌对植物生长的促进作用与木霉菌能够提高植物抗性有很大的关联。一些木霉菌被发现能够通过产生具有特殊气味的挥发性组分来抑制其他病原真菌的生长，从而减轻它们对植物的伤害[157]。用棘孢木霉接种处理患有由假单胞菌引起的细菌性斑点病的植株，结果明显减轻植株病害程度，说明棘孢木霉能够增强植物对病原菌的抵抗性，使其免受病原菌的侵害，保持健康[158]。焦琮和路炳声[159]用康氏木霉处理棉苗，发现其能够显著增强棉苗对立枯病和菜豆炭疽病的抵抗性，而且能明显促进棉苗的生长发育。用不同稀释倍数的哈茨木霉孢子悬浮液处理番茄幼苗后，番茄幼苗的生长速度明显加快，叶片中叶绿素含量及多酚氧化酶和过氧化物酶的活性明显高于对照；其中稀释 50 倍的孢子悬浮液的促生长效果最显著[160]。用哈茨木霉 RT-12 的发酵产物处理抗虫棉种子和幼苗，发现不仅提高了抗虫棉种子的发芽率，还促进了幼苗根系生长，增加了苗期根系抗坏血酸过氧化物酶和谷胱甘肽还原酶的活性[161]。

1.5.3 木霉菌促生机制的研究

虽然人们已经做了大量关于木霉菌促进植物生长的研究，但对其促生作用的分子机制尚不明确，仍处于不断完善的阶段，已成为当前的研究热点。目前对其促生机制的认识主要归纳为以下几个方面。

1.5.3.1 木霉菌与根际微生物的相互作用

将生防菌木霉根施到辣椒根际，分析木霉菌与不同类型根际微生物的相互作用，发现木霉菌能够显著减少辣椒根际真菌种群数量，并影响根际生物种群的分布；另外根际生物种群对木霉菌产孢还有一定的影响，其中只有少数真菌和细菌抑制其产孢，大多数根际微生物能够促进木霉产孢[162]。Dandurand 等[163]用哈茨木霉处理患有豌豆根腐病的豌豆植株，试验中发现哈茨木霉能够减轻根腐病对植株的伤害，同时发现豌豆根际土壤中存在的荧光假单胞菌与哈茨木霉防病促生作用密切相关。这些研究说明木霉菌可以通过与根际微生物的相互作用来影响植物的生长。

1.5.3.2 超强的根际定植能力

木霉菌广泛分布于自然界中，研究发现在植物根际及周遭土壤中存在着大量的木霉菌株，它能够快速地在植物根际繁殖扩展与其超强的根际定植能力是密不可分的。将定植能力强的哈茨木霉菌株与其他真菌分别接种到植物根际，发现哈茨木霉在植物根部表面扩展范围明显大于其他菌株，植物根、茎的粗度和生长速度均大于未经处理的植株，这表明木霉菌株能够直接刺激植物生长，而不是通过抑制其他病原菌来促进植物生长[164]。部分木霉菌可以溶解土壤中的矿物质，促进植物对矿物质的吸收，产生螯合剂或还原酶来溶解可溶性金属氧化物，增强植物对大量元素的吸收，从而促进植物的生长[165,166]。

1.5.3.3 木霉菌代谢产物的促生作用

木霉菌代谢产物的促生机制目前可归纳为以下两个方面：一是产生植物生长调节剂。木霉菌可以通过其代谢产物调节植物根际或体内的植物生长激素含量的高低，进而影响植物的生长发育。例如，绿色木霉（*Trichoderma virens*）代谢产生的吲哚乙酸（IAA）能够显著促进拟南芥生长，对比鲜重增加了 62%[167]。二是清除根际有害物质。木霉菌的代谢产物和次生代谢产物能够有效地降解植物根际有害菌群产生的对植物生长有害的化合物，从而减轻病原真菌对植物的伤害。通过对不同木霉菌株代谢产物的分析研究，发现木霉菌能够产生两种氰化物降解酶，通过它们可以减轻氰化物对植物的伤害[168]。将哈茨木霉菌株 T22 接种到爆竹柳根际，5 周后将植株移栽到含有大量重金属污染的土地中，一段时间后，发现经木霉处理的植株生长速度明显快于对照，植株干重提高 39%[169]。

1.6　木霉菌对植物光合特性影响的研究进展

光合作用[170] (photosynthesis) 是指绿色植物吸收光能，同化 CO_2 和水，制造出有机物质并且释放氧气的整个过程。光合特性是植物最重要的生理特性之一，是唯一能将无机物转变成有机物、将光能转变成化学能的一个过程。植物光合作用释放大量的 O_2，为地球上的生物生存及其进化奠定了坚实的基础。

近年来，随着对木霉菌促进植物生长方面研究的深入，人们发现木霉菌能够通过影响植物的光合作用来影响植物的生长发育。

用不同稀释倍数的木霉菌 HT-03 孢子悬浮液根施处理番茄幼苗后，对幼苗叶绿素含量进行测定，结果表明，幼苗不仅叶绿素含量高于对照，植株长势也优于对照组，研究者认为，木霉菌促进植物生长与木霉菌能够提高叶片叶绿素含量，促进其光合作用有很大的关系[171-173]。将番茄定植在施有黄绿木霉 T1010 的土壤中，通过对番茄不同时期叶片叶绿素含量及低温胁迫下光化学效率变化分析得知，黄绿木霉 T1010 能够有效提高番茄叶片叶绿素含量，有助于提高番茄各时期尤其是收获期的光合生产力，提高番茄产量[174]。用哈茨木霉 T22 处理玉米幼苗，能显著提高玉米光合作用和暗呼吸速率，从而促进幼苗的生长[175]。陆宁海等[176]也发现，用哈茨木霉处理小麦、玉米幼苗后，其叶片中的叶绿素含量明显增加，光合作用显著增强，幼苗的株高、根系长度及鲜重明显增加，提高了作物产量。李江遐和蒋立科[177]通过盆栽试验，将木霉菌株 H13 发酵液、尿素及其混合物分别喷施到坪用黑麦草中，发现 3 种处理均可提高黑麦草的氮和叶绿素含量，增强其光合作用，促进黑麦草的生长，其中木霉菌株 H13 发酵液和尿素混合物的处理效果最好。深入研究发现，木霉菌可以通过调节植物在逆境下的基因表达及氧化还原信号，进而提高植物的光合作用[178]。深入研究木霉菌对植物光合作用的影响对我们更好地调控植物生长有着深远的意义。

1.7　木霉对土壤的改良作用

土壤是生物和非生物环境的一个极为复杂的复合体。长期以来农药和化肥的大量使用对于人类而言利弊共存，在提高农作物产量的同时也威胁着人类的生存环境。为了兴利除弊，响应国家大力发展生态农业的号召，微生物菌肥越来越受到人们的重视。

微生物菌肥又称菌肥、接种剂，是一类以微生物生命活动及其产物导致农作物得到特定肥料效应的微生物活体制品，是一类间接性肥料[179]。根据微生物菌肥所提供的营养元素不同及依据微生物菌肥的生理特性，可将其分为自生性菌肥和共生性菌肥。自生性菌肥包括固氮菌、磷细菌、钾细菌和混合型菌肥。共生性菌肥包括根瘤菌和根细菌。

大量研究发现，将有益的微生物菌肥施到土壤中后会根据微生物种类的不同而起到不同的作用。固氮菌能够固定空气中的氮元素为作物提供生长所需的营养物质，使作物生长时吸收利用[180]；解磷菌能够分解土壤中部分不能被作物吸收的磷元素和有机磷农药的残留物[181,182]；腐解菌可以分解土壤中的有机物和有机质等[183]。同时，在土壤中生活及活动的有益微生物所产生的糖类物质占土壤有机质的 0.1%，其代谢的一些产物也具有抑制土传病原菌、刺激作物生长、诱导植物产生系统抗病性的作用[166]。微生物是转化土壤肥力所不可缺少的活性物质，可直接转化和分解土壤腐殖质，从而释放养分。所以施用微生物肥料能在一定程度上改善土壤物理性状，有利于提高土壤肥力。

木霉菌是一类重要的生防因子，能定植在植物根际，改善土壤结构，促进土壤中的有益微生物群落的建立和维持[184]，也可以缓解重金属污染，对土壤环境有修复作用[185]。Tripathi 等[186]采用施加木霉菌的方法诱导蔗糖后发现，施加木霉菌土壤中的 N、P 和 K 与对照组相比分别提高了 15.9 kg/hm^2、15.9 kg/hm^2 和 4.68 kg/hm^2。Babu 等[187]研究发现，在受污染的土壤上施加木霉菌后，木霉菌能有效溶解受污染土壤中的磷。Saravanakumar 等[188]研究表明，木霉菌具有溶解磷酸盐的潜力，从而能提高土壤肥力。陈建爱和杜芳岭[189]研究发现，木霉 T1010 对土壤团聚体的形成和结构性状的改良具有良好的作用，同时提高土壤水解氮含量，提高植物对有效磷及有效钾的吸收，提高有机质含量，对改善土壤 pH 有明显效果。大量研究表明，木霉对土壤中的重金属具有较强的吸附能力，能够缓解土壤中的重金属污染。研究者发现绿色木霉能够在 pH 5.5 的条件下吸附 Zn^{2+}，有效降低污水中的 Zn^{2+}含量。从重金属污染废水中筛选的木霉 HR-1 菌株对 Pb(Ⅱ)具有较强的吸附能力。木霉菌能够促进油菜吸附土壤中的镉。另外，木霉在降解土壤中残留农药方面也具有明显的效果[190]。实验证明，*Trichoderma harizianum* 和 *Trichoderma viride* 能够在试管内降解有机氯。*T. harizianum* 能够有效地降解氨乙基磷酸、草甘膦、氨基(3-甲氧苯基)甲基磷酸；*T. harizianum* 2023 菌株能够降解 DDT、氧桥氯甲桥萘、硫丹、五氯硝基苯、五氯苯酚；*T. harizianum* CCT-479 菌株在土壤中 24 h 以后能够降解 60%的除草剂敌草隆[190]。

此外，许多研究表明，木霉菌具有解磷、解钾作用。哈茨木霉、拟康氏木霉和绿色木霉能降解磷酸钙、磷酸石[191]。田间试验还发现绿色木霉可以促进有机磷堆肥的成熟，起到促进植物生长的作用[192]；绿色木霉、绿木霉和哈茨木霉等能够在液体培养条件下溶解难溶性的磷酸盐；绿色木霉能够代谢生成少量蛋白酶及有机酸，并且具有降解难溶磷的作用[193,194]；研究者从 *Trichoderma koningii* 及其转化子中筛选出 3 株解磷作用较好的转化子，并研究不同碳、氮源对转化子解磷作用的影响，结果发现碳源对转化子解磷能力影响较小，而氮源的影响较大[190]。目前关于木霉解钾的报道很少。研究者[191]发现某些木霉菌株能够从钾长石中释放出可溶性钾。总之，研究木霉菌对土壤的改良作用不仅具有重要的理论意义，还将进一步推动木霉菌在我国农林业生产和环境保护上的深入应用。

1.8 本研究的目的和意义

青蒿素发现至今已有近 50 年的时间，是我国第一个真正意义上走向世界的中药，是当今最有效的抗疟特效药，尤其是对于脑型疟疾和抗氯喹疟疾，具有速效和低毒的特点，以青蒿素为母核经人工半合成获得的青蒿素衍生物类药物已成为世界卫生组织(WHO)倡导的“基于青蒿素的联合疗法”首选抗疟药，其中青蒿琥酯、蒿甲醚及蒿甲醚复方已被列入 WHO《基本药品目录》。目前还发现青蒿素具有抗癌作用，这无疑为青蒿素类药物再添光辉。青蒿素具有市场需求大、发展潜力巨大、来源窄、价格高等特点。尽管目前已成功合成青蒿酸及二氢青蒿酸等青蒿素前体，但迄今仍无法在植物体外将青蒿素前体转变成青蒿素，表明依靠人工种植青蒿仍然是一个不可忽略的重要方向。最大限度地提高人工栽培的青蒿有效生物量和青蒿素含量仍然是青蒿素产业追求的目标。

黑龙江省属于我国寒地区域，其气候条件可使当地野生青蒿完成生育期，且单株生物量大。但研究发现黑龙江省野生青蒿的青蒿素含量极低(低于 0.1%)，不具药用价值。青蒿喜温暖、阳光，忌水浸，不耐荫蔽。青蒿中青蒿素含量主要受种源和生态环境影响，具有对土壤质地及 pH 要求不严、适应性和抗逆性强的特点。充分利用青蒿的这些特性，在荒地、废弃地、闲置地、石砾地开展大规模栽培生产，既可带动黑龙江省乡村、林场经济的发展，又避免了与传统作物争地，是一项很好的惠农惠林项目。作者的课题组连续多年在黑龙江省引种主产区进行青蒿栽培试验，研究了采用不同栽培方法，施用不同刺激因子培育青蒿，并分析不同生育期的青蒿素含量和药用生物量的变化规律，以及影响青蒿素产量因子的作用原理，以期确定青蒿的最佳育苗期、移栽期和收获期，以及生产管理措施，为在寒地大面积引种青蒿、拉动区域经济发展、改良土壤提供理论依据。

2 青蒿中青蒿素的提取分离研究

青蒿素(artemisinin，QHS)是从青蒿(*Artemisia annua* L.)中分离出来的含过氧桥的新型倍半萜内酯，其衍生物是世界卫生组织推荐的治疗疟疾的首选药物[36,62]。青蒿的药用成分提取方法主要有：水蒸气蒸馏法、有机溶剂提取法、超临界流体提取等[14]。青蒿素为非挥发性成分，目前工业上主要采用有机溶剂提取、柱层析及重结晶分离。作者的课题组结合文献[14,27,38,195-197]的室温浸提法、恒温浸提法、搅拌提取法和超声波助提法的优点，对青蒿素提取分离条件进行了系统的研究，改进建立了恒温振荡浸提法。

2.1 材料与方法

2.1.1 实验材料与仪器

2.1.1.1 实验试剂

本研究所用试剂见表 2-1。

表 2-1 实验试剂

药品名称	规格	生产厂家
石油醚(30～60)	分析纯	天津市光复精细化工研究所
石油醚(60～90)	分析纯	天津市光复精细化工研究所
正己烷	分析纯	天津市光复精细化工研究所
环己烷	分析纯	天津市光复精细化工研究所
乙醇(95%)	分析纯	天津市光复科技发展有限公司
甲醇	色谱纯	Ulsan 680-160. Korea
氢氧化钠	分析纯	天津市光复科技发展有限公司
无水硫酸钠	分析纯	天津市天河化学试剂厂
磷酸二氢钠	分析纯	天津市光复精细化工研究所
磷酸氢二钠	分析纯	天津市光复精细化工研究所
冰醋酸	分析纯	天津市光复精细化工研究所
超纯水		自制
蒸馏水		自制

2.1.1.2 实验仪器

本研究所用实验仪器见表 2-2。

表 2-2 主要实验仪器

仪器名称	生产厂家及型号
高效液相色谱系统：高压泵	美国 Waters 公司，Waters-600 Controller
高效液相色谱系统：自动进样仪	美国 Waters 公司，717 Plus Autosampler
高效液相色谱系统：单波长紫外测定仪	美国 Waters 公司，2487 Dual λ Absorbance Detector
Empower Pro 色谱操作系统	美国 Waters 公司
C_{18} 反相色谱柱，柱长 250 mm×4.6 mm	大连江申分离科学技术有限公司
DGG-9070B 电热恒温鼓风干燥箱	上海森信实验仪器有限公司
高压湿热灭菌锅	日本三洋贸易株式会社
干热鼓风灭菌箱	上海森信实验仪器有限公司
通风工作台	FLC-3CLEAN BENCH
振荡培养箱	哈尔滨东明医疗仪器厂，HZQ-X100
傅里叶变换红外光谱仪	美国尼高力仪器公司，AVATAR360
旋转蒸发仪	上海市爱朗仪器有限公司，N-1000
超声振荡仪	天津奥特赛恩斯仪器有限公司，AS20500A
循环水式真空泵	巩义市予华仪器有限公司，SHD-(III)
植物粉碎器	天津市泰斯特仪器有限公司，FZ102 型

2.1.1.3 实验材料

云南青蒿(YH-05，云南农业大学提供)种子在哈尔滨市大田直播栽培，在生长期晴天取样(叶，带少量嫩枝)、晒干，植物粉碎机粉碎，过 0.4 mm 筛，40℃烘干 3 h 后，储于干燥器中备用。

中国药品生物制品检定所提供：青蒿素标准品(100202-200603)、青蒿素对照药材(121016-200403)。

2.1.2 方法

2.1.2.1 提取方法

(1)恒温回流提取法　取青蒿粗粉 1.000 g，放入 250 mL 圆底烧瓶中，加入石油醚(30～60)80 mL，温度 30℃，不同提取时间下回流提取。

(2)索氏提取法　称取青蒿粗粉 1.000 g，置 250 mL 索氏提取器中，加石油醚(30～60)80 mL 进行提取，温度 30℃，提取至虹吸下的溶剂无色，收集提取液。

(3) 超声恒温振荡浸提法　精确称取青蒿粗粉 1.000 g，置 250 mL 具塞三角瓶中，加 30 mL 不同有机溶剂，超声 0.5 h，取出，置入恒温振荡培养箱，温度 30℃，24 h 后，将提取液倾出，加入等量新溶剂恒温振荡 24 h，合并提取液。

2.1.2.2　提取条件

(1) 试剂和温度选择　精确称取青蒿粗粉 1.000 g，置 250 mL 具塞三角瓶中，加不同提取溶剂各 70 mL，超声 0.5 h，不同温度下恒温振荡提取，振荡频率 100 r/min。

(2) 时间选择　精确称取青蒿粗粉 1.000 g，加入石油醚(60～90) 50 mL，超声 0.5 h，置不同恒温下分别振荡不同提取时间，振荡频率 100 r/min。

(3) 振荡频率选择　精密称取青蒿粗品 1.000 g，加入石油醚(60～90) 50 mL，置于 40℃恒温振荡箱，不同振荡频率提取。

(4) 浸提液活性炭处理选择　精密称取青蒿粗粉 1.000 g，共 6 份。超声恒温振荡浸提法提取，浸提液分别加入活性炭 0 g、0.1 g、0.2 g、0.3 g、0.4 g、0.5 g 进行处理，测定含量。

(5) 提取次数选择　精密称取青蒿粗粉 1.000 g，石油醚(60～90) 60 mL 单次提取，恒温振荡 4 d；以 20 mL、20 mL、10 mL、10 mL 石油醚(60～90) 分次提取，每隔 24 h 更换一次溶剂，共提取 4 d，提取液总量为 60 mL。

(6) 正交设计法对提取条件筛选　依据单因素对青蒿素含量影响的结果，对提取过程中涉及的主要因素进行正交设计试验，以确定最佳提取方案。选取提取时间、浸提温度、前处理的超声时间、提取溶剂总量 4 个因素进行 $L_{16}(4^4)$ 正交设计(表 2-3)。

表 2-3　正交设计因素水平表[$L_{16}(4^4)$]

水平	A 提取时间/d	B 浸提温度/℃	C 超声时间/h	D 提取液总量/mL
1	3	60	1.5	60
2	4	40	1	40
3	2	50	0.5	70
4	5	30	0	50

(7) 青蒿素的分离精制　将 2.1.2.1 节下“(3) 超声恒温振荡浸提法”所得的青蒿素提取液，按 1 g 生药加入活性炭 0.4 g 的比例脱色，抽滤，得无色澄明液体，45℃减压回收，75%(*V*/*V*) 乙醇重结晶。

2.1.2.3　检测方法

色谱条件　色谱柱 Lichrospher C_{18}(4.6 mm×250 mm，5 μm)；流动相为甲醇

+缓冲液(50+50 *V*/*V*；0.01 mol/L Na_2HPO_4-NaH_2PO_4缓冲液)；流速 0.8 mL/min；柱温 30℃；灵敏度 2.000 AU；测定波长 260 nm；进样量 20 μL。

2.1.3　数据分析

利用 Excel 2007 和 SPSS 16.0 统计软件包对数据进行统计分析、绘图。

2.2　结果与分析

2.2.1　青蒿素提取方法

2.2.1.1　恒温回流提取法

不同提取时间青蒿素含量提取结果见图 2-1。结果表明提取时间为 4.5～6 h 提取青蒿素含量变化不大，因此选取回流时间为 4.5 h 与索氏提取法比较。

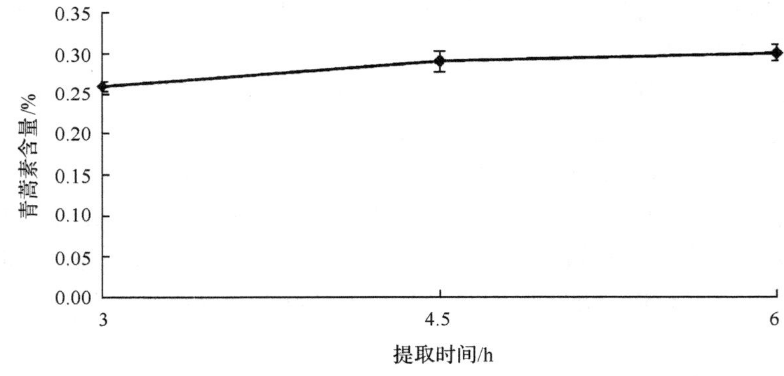

图 2-1　回流提取法不同提取时间提取青蒿素

2.2.1.2　索氏提取法、回流提取法、超声恒温振荡浸提法提取青蒿素质量分数对比

索氏提取法和回流提取法提取时间为 4.5 h，超声恒温振荡浸提法浸提时间为 2 d；溶剂为石油醚(30～60)，结果见图 2-2。索氏提取法和恒温回流提取法只能用石油醚(30～60)作为提取溶剂，其他溶剂，如石油醚(60～90)、正己烷、环己烷、氯仿等因沸点较高，在低温下不回流，达不到提取目的，青蒿素高温易分解，不适于应用这两种提取方法。而在提取温度、提取溶剂体积相同条件下，超声恒温振荡浸提法提取率最高，并具有提取设备简单、提取率较高等优点，因此，确定在超声恒温振荡浸提法的基础上进行青蒿素提取条件研究。

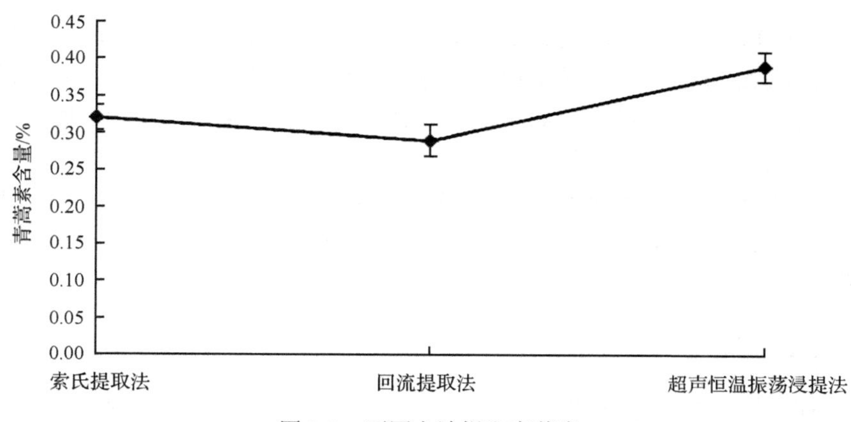

图 2-2 不同方法提取青蒿素

2.2.2 青蒿素提取条件

2.2.2.1 试剂和温度选择

取石油醚(30～60)、石油醚(60～90)、正己烷、环己烷、氯仿和乙醇等试剂分别在30℃、40℃、50℃和60℃温度下恒温振荡浸提，结果见图2-3。石油醚(30～60)受沸程限制，在温度高于30℃时由于挥发无法完成提取过程。乙醇在30℃条件下提取青蒿素含量为0，不再考察。在60℃时各溶剂青蒿素提取量均降低，这与青蒿素在高温下易分解的性质相吻合，30～50℃为可选温度，具体提取温度由正交设计试验结果确定。从高效液相色谱法分离谱图可见：石油醚(30～60)、石

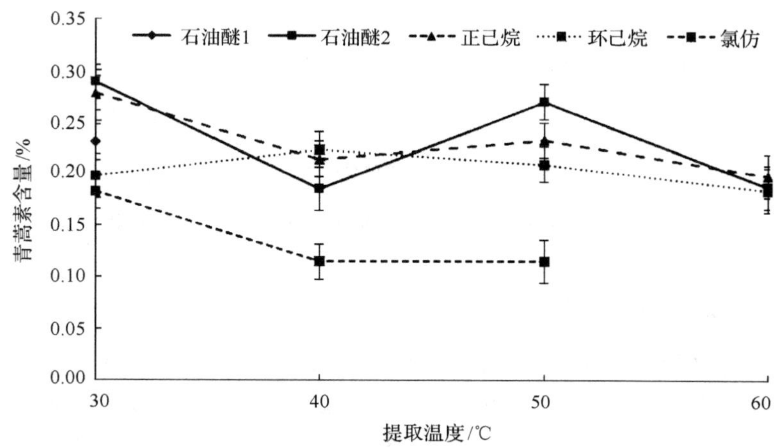

图 2-3 不同溶剂不同温度提取青蒿素

石油醚1为石油醚(30～60)；石油醚2为石油醚(60～90)

油醚(60～90)、正己烷提取的青蒿素杂质峰出峰情况类似，杂质量较少；环己烷提取的青蒿素杂质峰较多，氯仿提取的青蒿素杂质峰最多，说明氯仿和环己烷提取杂质较多，不利于青蒿素分离精制。各种溶剂提取的青蒿素含量表明，石油醚(60～90)提取含量较高，故选其为青蒿素提取溶剂。优点是毒性小，符合国家食品药品监督管理总局(China Food and Drug Administration，CFDA)关于中药提取溶剂指导原则的有关规定，属于国家提倡使用的三、四类有机溶剂且提取率较高，提取成分杂质少。

2.2.2.2　时间选择

以石油醚(60～90)为溶剂，分别在30℃、40℃、50℃和60℃温度下恒温振荡浸提，浸提时间分别为2 d、3 d、4 d和5 d，结果见图2-4。不同提取温度下，不同提取时间获得的青蒿素含量不同。当提取温度为40℃、50℃和60℃时，在第4天分别达到最大含量，且50℃时青蒿素含量在三者中最大。而当提取时间为5 d时提取的青蒿素含量反而下降，故具体提取时间由正交设计试验结果确定。

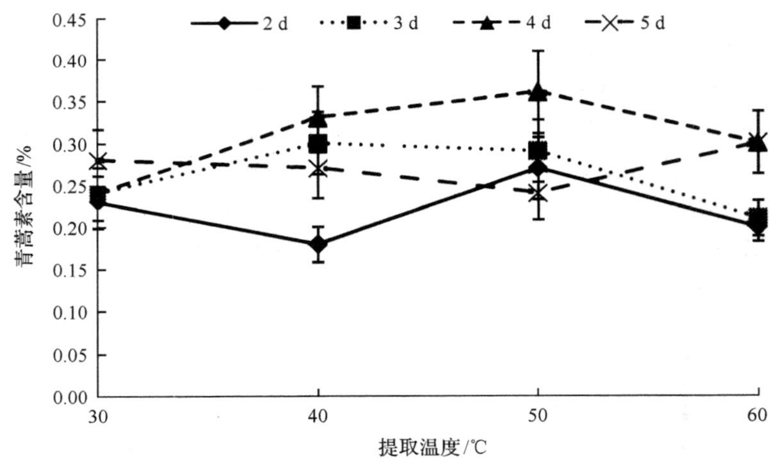

图2-4　石油醚(60～90)不同时间不同温度提取青蒿素

2.2.2.3　振荡频率选择

以石油醚(60～90)为溶剂，振荡频率分别为：90 r/min、120 r/min、150 r/min和180 r/min，40℃浸提2 d，结果见图2-5。振荡频率对提取率有一定影响，振荡频率90 r/min时提取量较低，而120～180 r/min时提取量变化不明显，且随着频率加大，反应器中压力加大，增加设备成本。故120 r/min为最佳振荡频率。

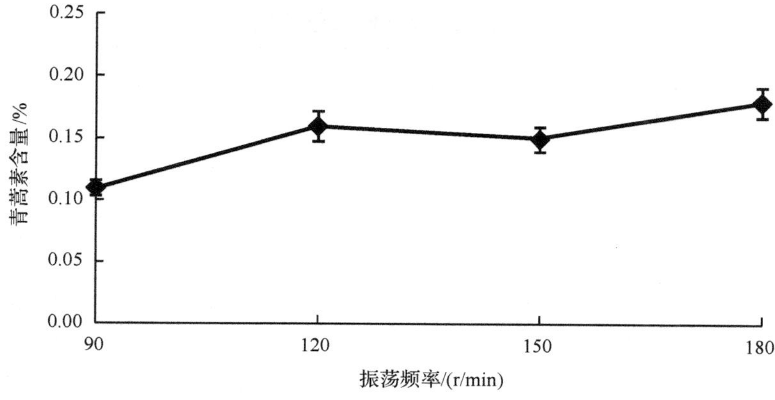

图 2-5 石油醚(60～90)不同振荡频率 40℃时提取青蒿素

2.2.2.4 浸提液活性炭处理选择

青蒿浸提液加入活性炭处理后，测定青蒿素含量，结果表明(表 2-4)，活性炭最佳用量为 0.4 g/g(株)。

表 2-4 活性炭处理对青蒿素含量的影响

指标	实验 1	实验 2	实验 3	实验 4	实验 5	实验 6
活性炭用量/g	0	0.1	0.2	0.3	0.4	0.5
青蒿素含量/%	0.15±0.006	0.14±0.006	0.14±0.01	0.14±0.006	0.14±0.01	0.10±0.006
脱色后浸提液颜色	黄色澄明	淡黄色澄明	极淡黄色澄明	几乎无色澄明	无色澄明	无色澄明
回收溶剂后浸膏状态	棕黄色浸膏	黄色带结晶	极淡黄色针状结晶	白色针状结晶	白色针状结晶	白色针状结晶

2.2.2.5 提取次数选择

一次加入和分次加入溶剂提取结果表明：提取的平均青蒿素含量分别为 0.37%±0.031%和 0.45%±0.037%，符合动力学同体积提取溶剂，分次提取比一次提取提取率高的原理。因此应采取分次加入溶剂的提取方法。

2.2.2.6 正交设计试验对提取条件筛选

选取提取时间、浸提温度、前处理的超声时间、提取溶剂总量等 4 个对提取率影响较大的因素进行 $L_{16}(4^4)$正交设计，结果见表 2-5。

表 2-5　试验方案及结果分析 $L_{16}(4^4)$

实验号	A	空	B	C	D	青蒿素含量/%
1	1	1	1	1	1	0.042
2	1	2	2	2	2	0.048
3	1	3	3	3	3	0.054
4	1	4	4	4	4	0.083
5	2	1	2	3	4	0.135
6	2	2	1	4	3	0.091
7	2	3	4	1	2	0.148
8	2	4	3	2	1	0.127
9	3	1	3	4	2	0.116
10	3	2	4	3	1	0.143
11	3	3	1	2	4	0.110
12	3	4	2	1	3	0.087
13	4	1	4	2	3	0.167
14	4	2	3	1	4	0.114
15	4	3	2	4	1	0.140
16	4	4	1	3	2	0.088
K_1	0.227		0.331	0.391	0.452	
K_2	0.501		0.410	0.452	0.400	
K_3	0.456		0.411	0.420	0.399	
K_4	0.509		0.541	0.430	0.442	
K'_1	0.052		0.110	0.153	0.204	
K'_2	0.251		0.168	0.204	0.160	
K'_3	0.208		0.169	0.176	0.159	
K'_4	0.259		0.293	0.185	0.195	
R	0.207		0.183	0.051	0.045	
优水平	A_4，A_2		B_4	C_2	D_1	
主次因素				A，B，C，D		
最优组合				$A_2B_4C_4D_4$		

注：A、B、C 和 D 分别代表正交设计 $L_{16}(4^4)$ 中的 4 个影响因素；空为不加样品的对照实验。K_i 表示任一列上水平号为 i 时，所对应的实验结果之和；K'_i 为 K_i 的平方。R(极差)：在任一列上，$R=\max\{K'_1,K'_2,\cdots,K'_i\}-\min\{K'_1,K'_2,\cdots,K'_i\}$

正交试验结果表明(表 2-5，表 2-6)：提取时间 F_A=12.089，显著性为 0.035，说明其对提取结果影响显著，但时间达到 4 d 和 5 d 时，提取量增加不明显，因此从节省能源角度确定提取时间为 4 d。提取温度 F_B=5.180，显著性 0.105，表明该因素对提取结果影响较为显著，且温度为 30℃时，提取量最大，为最佳提取温度，这符合青蒿素在高温下易分解的性质，但与赵兵等[14]确定的提取温度 50℃不同。提取液总量因素的 F 值为 0.439，说明该因素对结果影响不大，因此选择提取液总量为每克生药加 50 mL 溶剂。在中药提取工艺中，采用超声波强化提取主要是利用超声波破碎细胞(空化作用)和强化传质(机械作用)，破碎的效果不仅取决于声强、频率，而且与提取介质性质等多种因素有关[38]。本实验结果表明：提取前处理设计的超声时间和超声强度对提取量影响不大，取消提取前超声处理。

表 2-6 青蒿素提取条件方差分析表

数据源	第一类平方和	自由度	均方	F 值	显著性检验
A	0.013	3	0.004	12.089	0.035
B	0.006	3	0.002	5.180	0.105
C	0.000	3	0.000	0.439	0.742
D	0.001	3	0.000	0.526	0.694
误差	0.001	3	0.000		
总和	0.200	16			
校正总和	0.021	15			

因此提取条件确定为：青蒿粗粉 1 g，40℃干燥 3 h，用 20 倍的石油醚(60～90)，30℃恒温振荡，振荡频率 120 r/min，振荡提取 24 h，每次将前一次的提取液倾出，再加入 10 倍体积的提取溶剂，共提取 4 d，合并提取液。

2.2.2.7 青蒿素的分离精制

按 2.1.2.2 节下“(7)青蒿素的分离精制”方法精制青蒿素，经测定得到青蒿素含量为 82.19%的白色针状结晶(见附录标题 1 中的附图 1-1 和附图 1-2)。

2.3 本章小结

本研究确定的青蒿素提取方法为恒温振荡浸提法：精确称取青蒿粗粉 1.000 g，40℃干燥 3 h，以 20 mL 石油醚(60～90)为溶剂，30℃恒温振荡提取 24 h，频率 120 r/min，连续提取 4 次，每次将前一次的提取液倾出，再加入 10 mL 提取溶剂，共提取 4 d，合并提取液，总量为 50 mL。

该方法比赵兵等[14]、王轶[197]的方法要求提取温度(50℃)低，转速(800 r/min)低，使用溶剂量(60 mL)小。虽提取时间长，但方便、一次可提取几十个样品；较朱卫平[195]提取时间(5 d)短，提取温度(40℃)低，虽需振荡，但提高了工作效率；较邓素兰等[196]的提取分离方法(恒温回流法)简单，分离的青蒿素结晶含量高，达 82.19%，比邓素兰等[196]的青蒿素结晶含量 70.761%高 16.15%。

此方法在低温下操作，设备简单、可操作性强；提取溶剂经济、毒性小、回收方便、可重复利用；提取物杂质量小，并可适合大生产操作。

3　青蒿药效分析方法学建立

在引种青蒿素药效、产量影响因子及青蒿高产栽培措施的研究过程中，评价植株中青蒿素含量最为关键。首先必须对原料中的青蒿素进行提取，青蒿素的提取率直接关系到测定结果的精度，而有效提取后需要一种科学、准确的方法来进行定量分析。因此，建立科学的药效分析方法是本研究成功的基础。

3.1　材料与方法

3.1.1　实验材料与仪器

3.1.1.1　实验试剂

本研究所用试剂见表 2-1。

3.1.1.2　实验仪器

本研究所用实验仪器见表 2-2。

3.1.1.3　实验材料

本研究所用实验材料同 2.1.1.3 节。

3.1.2　方法

(1) 色谱条件　色谱柱 Lichrospher C_{18}(4.6 mm×250 mm，5 μm)；流动相为甲醇＋缓冲液(50＋50 *V*/*V*; 0.01 mol/L Na_2HPO_4-NaH_2PO_4 缓冲液)；流速 0.8 mL/min；柱温 30℃；灵敏度 2.000 AU；测定波长 260 nm、292 nm；进样量 20 μL。青蒿素与其他组分完全分离，保留时间合适，峰形好(图 3-1)，适于定量分析。

(2) 标准品溶液制备　参考文献[12]的方法并进行修改为：精确称取干燥的青蒿素标准品 20.0 mg，用 95%(*V*/*V*) 的乙醇定容至 25 mL，配制成质量浓度为 0.8 g/L 的标准储备液(下称 QHS 溶液)。

(3) 青蒿素的提取　青蒿样品粉末于 40℃烘箱中烘干至恒重，每个反应器中精确称取 5.000 g，总计 9 个反应器。分别加入 100 mL 石油醚(60～90) 30℃恒温振荡(120 r/min) 浸提 24 h；残渣再用 50 mL 石油醚浸提 24 h，反复浸提 3 次。合并总浸提液，共 2250 mL。

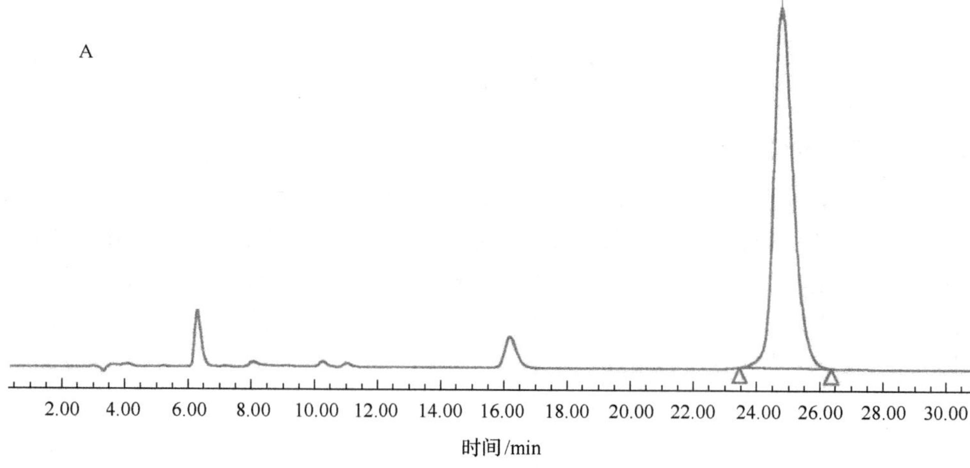

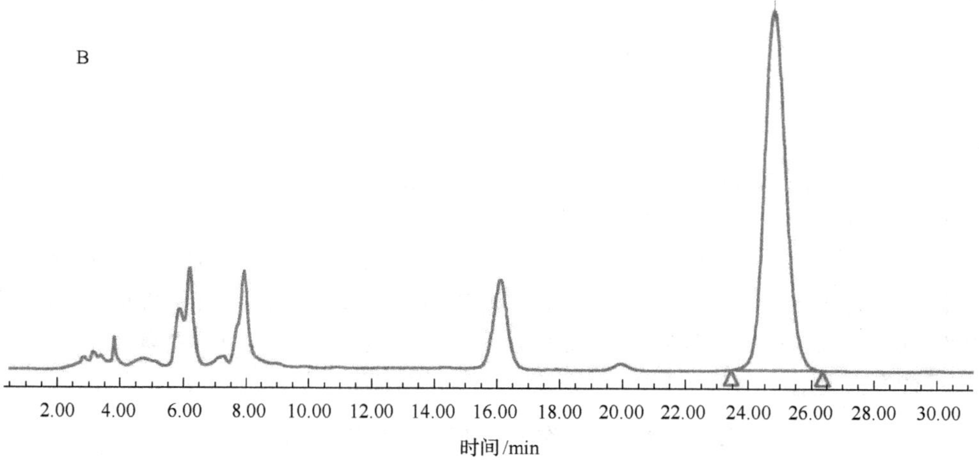

图 3-1 青蒿素色谱图

A. 标准样；B. 样品

将浸提液冷却至室温、过滤，滤液置于分液漏斗中，加入质量分数为 2% 的 NaOH 溶液，洗去碱溶性成分，弃下层碱液后，以蒸馏水洗涤至中性，无水 Na_2SO_4 脱水。将处理后的浸提液置于圆底烧瓶中 45℃减压蒸馏，得到含青蒿素的浸膏。

3.1.3 数据分析

利用 Excel 2007 软件包对数据进行统计分析。

3.2 结果与分析

3.2.1 青蒿素衍生方法的建立

青蒿素仅在紫外区 203 nm 处有较弱的末端吸收，但与碱反应后，产生一化合物(Q292)，该物质在 292 nm 处有最大吸收峰，然而，由于反应后有无机碱存在，易损坏色谱柱，不适宜直接进样测定。但化合物 Q292 在 pH 5.58～6.04 条件下，又可定量地转化为化合物 Q260，该物质在 260 nm 处有最大吸收峰，可用于 HPLC 测定[41]，反应式如下：

青蒿素 —NaOH, 45℃，30 min→ Q292 ⇌(H^+ / OH^-) Q260

因此，采用 NaOH 碱化，再用 HAc 酸化法控制衍生液的 pH，使提取物定量地转化为化合物 Q260，进行色谱测定。

分别取 0.5 mL QHS 溶液，补充乙醇至一定体积后，加入质量浓度为 0.2%(或 2%，表中另注明)的 NaOH 碱化，45℃水浴 30 min，冷却至室温，加入 0.08 mol/L(或 0.8 mol/L，表中另注明)的 HAc 酸化，用乙醇定容至不同体积的容量瓶中。进样前用微孔过滤器(0.45 μm)过滤，测定衍生后的青蒿素含量(表 3-1)。

表 3-1 青蒿素标准品柱前衍生后测定含量的色谱响应

处理 No.	补充乙醇至/mL	加碱量/mL	加酸量/mL	定容试剂、容量瓶容积/mL	紫外测定波长/nm	峰面积 /(μV/s)
1	0.5	3	4	乙醇；10	260	344 484
2	3	3	4	乙醇；10	260	163 142
3	15	3	4	乙醇；25	260	35 296
4	30	3	4	乙醇；50	260	3 374
5	15	4	5	乙醇；25	260	33 701
6	15	6	8	乙醇；50	260	28 370
7	**15**	**8**	**10**	**乙醇；50**	**260**	**273 268**
8	15	10	13	乙醇；50	260	56 251
9	15	12	15	乙醇；50	260	56 865

续表

处理 No.	补充乙醇至/mL	加碱量/mL	加酸量/mL	定容试剂、容量瓶容积/mL	紫外测定波长/nm	峰面积/(μV/s)
10	15	15	20	乙醇；50	260	49 785
11	15	40	45	乙醇；100	260	25 269
12	15	2%，1 mL	0.8 mol/L，1.2 mL	乙醇；25	260	16 130
13	15	2%，4 mL	0.8 mol/L，5 mL	乙醇；25	260	37 743
14	15	2%，5 mL	0.8 mol/L，6 mL	乙醇；50	260	20 348
15	15	2%，6 mL	0.8 mol/L，8 mL	乙醇；50	260	37 896
16	15	2%，15 mL	0.8 mol/L，20 mL	乙醇；50	260	13 610
17	3	3	0	乙醇；10	292	3 569
18	15	4	0	乙醇；25	292	613
19	**15**	**8**	**0**	**乙醇；25**	**292**	**7 346**
20	15	2%，1 mL	0	乙醇；25	292	681
21	15	2%，4 mL	0	乙醇；25	292	782
22	15	2%，8 mL	0	乙醇；25	292	516

注：粗体为结果最优的处理组

结果表明：处理 7 的紫外测定吸收峰的面积较大，且紫外测定波长为 260 nm 时的峰面积与 292 nm 时的峰面积(处理 19，不加 HAc 酸化)均有最大吸收峰。而处理 1 的紫外测定吸收峰的面积最大，但实际操作中 1 g 样品提取的浸膏不可能用 0.5 mL 95%乙醇完全溶解，即标准品与样品的进样液配制方法无法保持一致。所以选择用 15 mL 95%乙醇溶解浸膏，8 mL 0.2% NaOH 溶液碱化，再用 10 mL 0.08 mol/L HAc 溶液酸化的条件，作为衍生方法。而赵世善和曾美怡[12]及黄海滨和奉建芳[198]的研究中是先将浸膏用 10 mL 95%乙醇溶解，再从中取出 1 mL 置于 10 mL 容量瓶中，加 4 mL 质量分数为 0.2%的 NaOH 溶液碱化，再用 0.08 mol/L HAc 溶液定容，这样两次定容操作烦琐，且增大了实验误差。

3.2.2　青蒿素柱前衍生后测定的色谱线性范围

按 3.1.2 节下“(2)标准品溶液制备”方法精确配制成质量浓度为 1.0 g/L 的青蒿素 1(QHS1)溶液，于 25 mL 容量瓶中定容。

分别取 QHS1 溶液 0.0 mL、1.0 mL、2.0 mL、4.0 mL、7.0 mL、10.0 mL 于 50 mL 容量瓶中，以 95%乙醇补充至 15.0 mL。各加入质量分数为 0.2%的 NaOH 8.0 mL，45.0℃水浴 30 min 后冷却至室温，再加入 0.08 mol/L 的 HAc 10 mL 摇匀，以 95%乙醇定容，配制成质量浓度分别为 0 mg/L、20 mg/L、40 mg/L、80 mg/L、

140 mg/L、200 mg/L 的标准溶液，进样前用微孔过滤器(0.45 μm)过滤，依次取 20 μL 进样，在 260 nm 处测定，以峰面积(*Y*)为纵坐标，标准样质量浓度(*X*)为横坐标，得回归方程 Y=23 179X+22 836，R^2= 0.999 979(图 3-2，图 3-3)。线性范围：0～200 mg/L。

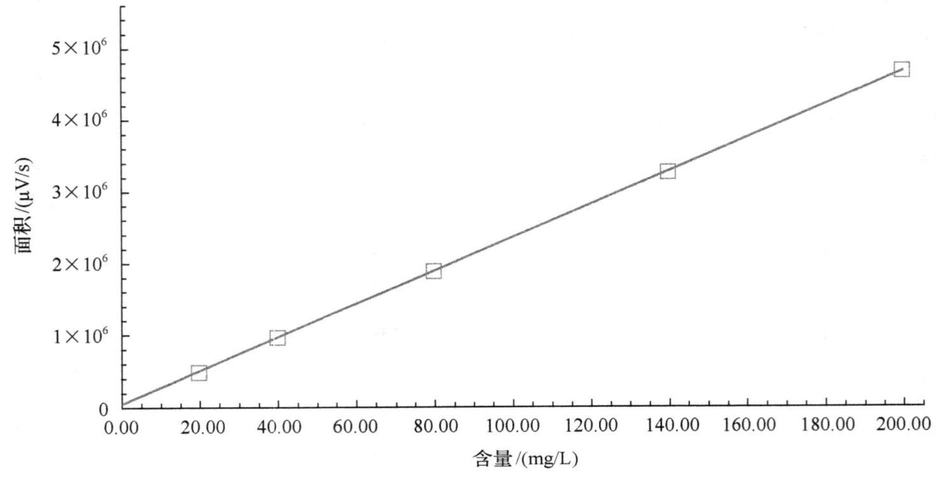

图 3-2 青蒿素标准曲线(0～200 mg/L)

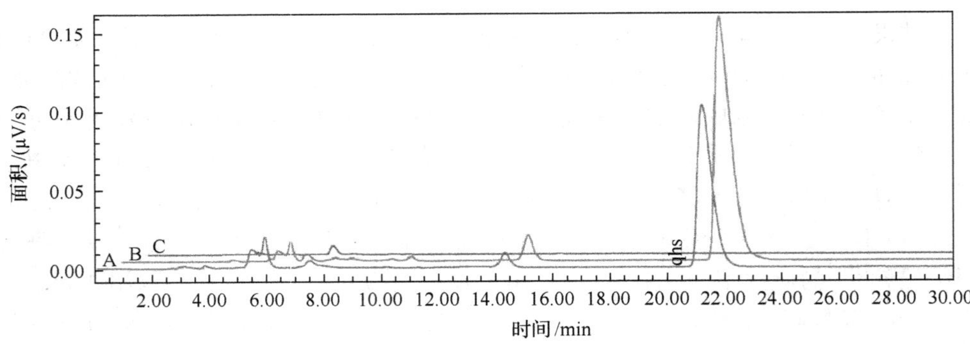

图 3-3 青蒿素色谱图

A. 样品；B. 标准样；C. 空白对照

按 3.1.2 节下“(2)标准品溶液制备”方法精确配制成质量浓度为 1.0 g/L 的青蒿素 2(QHS2)溶液，于 50 mL 容量瓶中定容。

分别取 QHS2 溶液 0.0 mL、1.0 mL、2.0 mL、3.0 mL、4.0 mL、5.0 mL、7.5 mL、10.0 mL、15.0 mL 于 50 mL 容量瓶中，以 95%乙醇补充至 15.0 mL。各加入质量分数为 0.2%的 NaOH 8.0 mL，45.0℃水浴 30 min 后冷却至室温，再加入 0.08 mol/L 的 HAc 10 mL 摇匀，以 95%乙醇定容，配制成质量浓度分别为 0 mg/L、20 mg/L、

40 mg/L、60 mg/L、80 mg/L、100 mg/L、150 mg/L、200 mg/L、300 mg/L 的标准溶液，进样前用微孔过滤器(0.45 μm)过滤，依次取 20 μL 进样，在 260 nm 处测定，以峰面积(Y)为纵坐标，标准样质量浓度(X)为横坐标，得回归方程 Y=22 789X－20 645，R^2=0.999 929(图 3-4)。线性范围：0～300 mg/L。

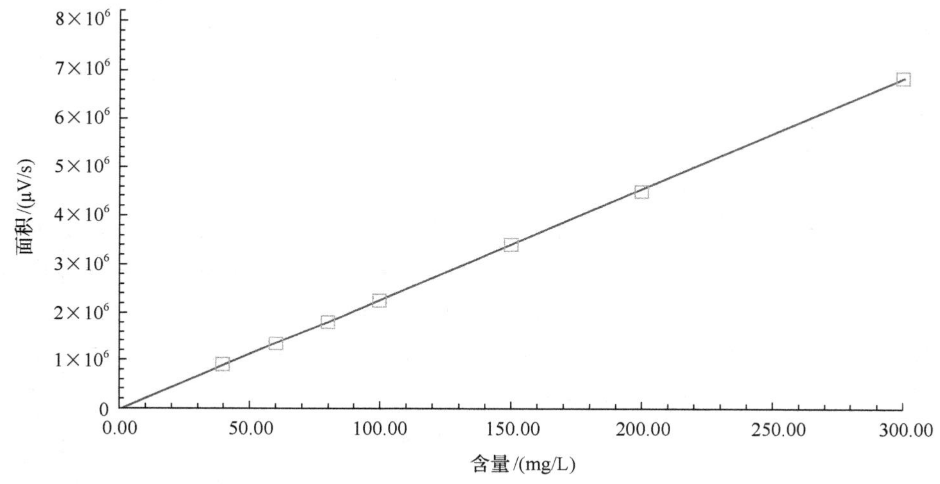

图 3-4 青蒿素标准曲线(0～300 mg/L)

按参考文献[12]的方法，测定青蒿素标准品的色谱响应线性范围为 0～100 mg/L，而采用改进的方法测定，青蒿素标准品的色谱响应线性范围为 0～300 mg/L。

3.2.3 青蒿中青蒿素含量测定

3.2.3.1 青蒿中青蒿素柱前衍生后测定含量的色谱响应

将 3.1.2 节下“(3)青蒿素的提取”得到的青蒿素浸膏用 95%乙醇溶解定容至 500 mL(后称样品溶液)备用。

分别取 12 mL 样品溶液(相当于质量为 1.08 g 青蒿的提取液)，补充乙醇至一定体积后，加入质量浓度为 0.2%(或 2%，表中另注明)的 NaOH 碱化，45℃水浴 30 min，冷却至室温，加入 0.08 mol/L(或 0.8 mol/L，表中另注明)的 HAc 酸化，加乙醇定容至 50 mL，用乙醇定容至不同体积的容量瓶中。进样前用微孔过滤器(0.45 μm)过滤，测定衍生后的青蒿素含量，结果见表 3-2。

3.2.1 节的研究结果发现，用 95%乙醇溶解青蒿素提取浸膏时，乙醇用量不同会显著影响测定结果。表 3-2 的结果也支持这个结论：处理 8 的紫外测定峰面积最大，且紫外测定波长为 260 nm 时的峰面积与 292 nm 时的峰面积(处理 18，不加 HAc 酸化)均有最大值。此结果与表 2-1 的 QHS 溶液的色谱响应一致。

表 3-2　青蒿中青蒿素柱前衍生后测定含量的色谱响应

处理 No.	样品溶液 /mL	补充乙醇至/mL	加碱量 /mL	加酸量 /mL	紫外测定波长/nm	峰面积 /(μV/s)
1	12	12	3	4	260	1 680 850
2	12	15	3	4	260	1 295 782
3	12	30	3	4	260	375 045
4	12	15	4	5	260	1 345 074
5	12	30	4	5	260	440 115
6	12	15	6	8	260	1 953 971
7	12	30	6	8	260	416 967
8	**12**	**15**	**8**	**10**	**260**	**1 982 840**
9	12	30	8	10	260	552 208
10	12	15	2%，1 mL	0.8 mol/L，1.2 mL	260	1 827 305
11	12	30	2%，1 mL	0.8 mol/L，1.2 mL	260	209 695
12	12	30	2%，4 mL	0.8 mol/L，5 mL	260	1 006 987
13	12	30	2%，6 mL	0.8 mol/L，8 mL	260	959 436
14	12	40	4	5	260	278 853
15	12	12	3	0	292	37 979
16	12	15	3	0	292	22 131
17	12	15	4	0	292	39 937
18	**12**	**15**	**8**	**0**	**292**	**52 845**

注：粗体为结果最优的处理组

按 3.1.2 节下(3)提取液处理方法得青蒿素的浸膏，取相当于质量为 2.000 g 青蒿的提取浸膏，用 95%乙醇溶解并定容至 50 mL 容量瓶中备用。分别取不同体积此溶液按文献[12]的加碱、酸的量，加入 4 mL 质量浓度为 0.2%的 NaOH 碱化，45℃水浴 30 min，冷却至室温，加入 5 mL 0.08 mol/L 的 HAc 酸化，再分别用 95%乙醇定容至不同容量瓶中，测定衍生后的青蒿素含量，结果见表 3-3。

根据配制的进样样品溶液稀释倍数不同，可知处理 1～5 的进样样品溶液中青蒿素含量的比值应为 1∶2∶4∶5∶6，即成倍数关系。按文献[12]标准曲线配制方法测定的标准曲线线性方程 $Y=18\ 518X-85\ 152$ 计算得到进样样品溶液中青蒿素含量，发现并不成倍数关系(表 3-3)，测定的处理 1～5 进样样品溶液中青蒿素含量比值为 1∶3.34∶5.29∶6.49∶6.82，与 1∶2∶4∶5∶6 的比例关系相差甚远。计算出样品溶液中的含量应相同或极为相近(同一个样品原液)，但却差别极大，分别为：231.87 mg/L、387.78 mg/L、305.91 mg/L、300.94 mg/L、264.14 mg/L。说明全部用 4 mL 的 NaOH 溶液碱化，5 mL 的 HAc 溶液酸化，测定的青蒿素结果不准确，并进一步表明检测青蒿素含量的结果不仅受碱化、酸化时加入的碱、酸量的影响，还受溶解浸膏的乙醇用量的影响。

表 3-3 青蒿中青蒿素的色谱响应

处理	样品溶液量/mL	加碱量/mL	加酸量/mL	定容的体积/mL	稀释倍数	峰面积/AU	HPLC 进样液的含量/(mg/L)	样品溶液中含量/(mg/L)
1	1	4	5	10	10	344 228	23.187	231.87
2	5	4	5	25	5	1 351 028	77.556	387.78
3	10	4	5	25	2.5	2 180 772	122.363	305.91
4	12.5	4	5	25	2	2 701 213	150.468	300.94
5	15	4	5	25	1.67	2 857 673	158.170	264.14

3.2.3.2 青蒿样品溶液加碱后不同温度下水浴的色谱响应

青蒿样品提取的青蒿素粗晶 34.3 g，用 95%乙醇溶解并定容至 25 mL，备用。

分别取 3 mL 样品溶液，用 95%乙醇补充至 15 mL，加入 8 mL 质量浓度为 0.2%的 NaOH 碱化，不同温度水浴 30 min，冷却至室温，再加入 10 mL 0.08 mol/L 的 HAc 酸化，用 95%乙醇分别定容至 50 mL，按 2.1.2.3 节下(2)方法进样，结果 45℃水浴条件下色谱峰面积为 1 056 297，而 50℃水浴条件下色谱峰面积为 1 000 771。表明在温度为 45℃时进行水浴，碱化反应更完全，这与文献[12]的结果一致，而与[10,39,41,199,200]等文献的水浴温度不同。因此严格控制碱化反应水浴温度，可使测定结果更稳定、准确。

3.2.4 精密度

精密吸取用 QHS1 溶液配制的 20 mg/L 标准工作液 20 μL，连续进样 5 次，记录峰面积分别为 502 171、508 947、516 468、518 444、518 578，平均值为 512 922，RSD 为 1.40%。说明该方法精密度良好。

3.2.5 稳定性

精密吸取用 QHS1 溶液配制的 20 mg/L 标准工作液 20 μL，于 0 h、3 h、6 h、12 h、24 h、48 h 分别进样，记录其峰面积分别为 502 171、520 258、541 135、563 083、571 219、550 545，平均值为 541 402，RSD 为 4.84%，结果表明标准溶液在 48 h 内稳定，在 12～24 h 峰面积最大。

精密吸取按 3.1.2 节下(3)方法配制的青蒿样品溶液 20 μL，于 0 h、3 h、6 h、12 h、24 h、48 h 分别进样，记录其峰面积分别为 1 026 068、1 045 816、1 094 470、1 117 340、1 150 860、1 118 698，平均值为 1 092 209，RSD 为 4.35%，结果表明在 48 h 内样品稳定，在 12～24 h 峰面积最大。

3.2.6 重现性

取同一批青蒿干燥样品 5 份，每份精密称取 1.000 g，分别按拟定的方法制备供试液，并进行测定，记录其峰面积分别为 1 735 640、1 518 091、1 604 080、1 654 501、1 594 641，平均值为 1 621 391，RSD 为 4.96%，本测定方法的重现性符合要求。

3.2.7 回收率

准确量取已知含量的青蒿素标准品 2.000 mg，加入精密称取 1.000 g 已知含量的青蒿样品中，按选定的样品制备及测定方法进行定量分析，测得青蒿素加样回收率为 100.1%，RSD（n=5）为 2.36%。

3.3 本章小结

本研究进行大量的青蒿素标准品和引种青蒿提取物色谱分析，并与文献[10,12,39,41,199,200]方法做了详细的对比研究，结果表明影响此方法测定青蒿素含量结果的主要因素是溶解青蒿素（青蒿提取浸膏）的 95%乙醇用量和碱、酸化过程的碱、酸用量。以此为理论依据，确定了定量分析方法：改进的柱前衍生 HPLC-UV 法。

柱前衍生 HPLC-UV 法测定青蒿植物中的青蒿素条件为：采用 250 mm×4.6 mm Lichrospher C_{18}-5 μm 不锈钢柱，260 nm 紫外测定器。以甲醇＋缓冲液（50 +50 V/V；0.01 mol/L Na_2HPO_4-NaH_2PO_4 缓冲液）作流动相，流速为 0.8 mL/min。青蒿素标准品（或青蒿提取浸膏）以 95%乙醇补充（溶解）至 15.0 mL，再加入质量分数为 0.2%的 NaOH 8.0 mL，45.0℃水浴 30 min 后冷却至室温，加入 0.08 mol/L 的 HAc 10 mL 摇匀，以 95%乙醇于 50 mL 容量瓶中定容。静置 12 h，进样前用微孔过滤器（0.45 μm）过滤，260 nm 处测吸收峰。线性范围为 0～300 mg/L，相关系数 R^2=0.9999。

4　黑龙江省野生青蒿资源的评价

黑龙江省地处北纬 44°～53°，东经 122°～134°，在中纬度欧亚大陆东沿，太平洋西岸，北面临近寒冷的西伯利亚，南北跨中温带与寒温带；为明显的季风气候特征，自东向西由湿润型经半湿润型过渡到半干旱型。三江平原海拔 50～60 m，松嫩平原平均海拔 140～180 m，大小兴安岭海拔 800～1000 m。黑龙江省夏季普遍高温，平均气温在 18℃左右，极端最高气温达 41.6℃。年平均气温平原高于山地，南部高于北部。无霜期多为 100～160 d，全省≥0℃积温平均值为 2000～3200℃，大部农业区介于 2800～3200℃；≥10℃积温多介于 2000～2800℃，夏季受东南季风的影响，降水充沛，占全年降水量的 65%左右；1 月最少，7 月最多。全省年平均相对湿度为 60%～70%[201]。

哈尔滨市属中温带大陆性季风气候，位于黑龙江省南部松嫩平原，是全省太阳辐射资源较丰富的地区，作物生长旺季(5～7 月)的总辐射量约占全年的 47.7%。全市≥0℃日数为 206～211 d，日平均气温≥10℃的持续日数，全市为 133～149 d，≥10℃积温为 2457～2832℃，哈尔滨市无霜期为 120～150 d，最热月在 7 月，平均气温为 20.8～23.8℃，年降水量为 417～904 mm，土壤类型为黑土、河淤土，夏至日照时数为 15.69～15.84 h，年日照时数为 2410～2750 h，日照百分率为 55%～62%[202]。

黑龙江省比南方各省区云量少，日照时数多，而且辐射强度大，植物在生长季节可得到充分的光照。尤其是 6～8 月，日照时间平均每日可达 11～13 h，北部夏至最长可达 15～17 h。太阳辐射，年总量多为 100～120 kcal/cm^2。夏季“雨热同季”的气候优势，可促使一年生作物迅速生长，短期成熟[201]。这种多光照和强辐射是青蒿生长和青蒿素积累的有利条件。喜好干燥地的植物，呈现良好的生育状态，其中禾本科、豆科、菊科犹占优势。菊科中的蒿类，不论是种类还是数量，仅次于禾本科，其数量很多，已命名的就有 29 种，其中野生青蒿分布范围广、资源蕴藏量大、资源可采集性好、单株生物量大，最高单株高达 2 m 以上，鲜重 500 g 以上。路边、荒地常见。

4.1　材料与方法

4.1.1　实验材料

2006 年采集的黑龙江省不同城市、镇(乡)生长的野生青蒿样品。

4.1.2 方法

4.1.2.1 取样方法

2006 年观测哈尔滨市野生青蒿的植株长势(以哈尔滨市东北林业大学校园林场野生青蒿照片作为本地野生青蒿营养生长期形态展示，见附录标题2中的附图2-1)，并在不同生长时期采样，测定青蒿素含量变化动态和药用部位生物量；同年 7 月末至 8 月初分别采集齐齐哈尔(以齐齐哈尔市嫩江边野生青蒿照片作为本地野生青蒿现蕾期形态展示，见附录标题 2 中的附图 2-2)、大庆、牡丹江富江桥、牡丹江磨刀石镇、铁力、五常保龙店、五常牤牛河、五常草庙子等市、镇(乡)生长的野生青蒿样品。晴天取叶、花蕾(带少量嫩枝)，晒干，植物粉碎机粉碎后过 0.4 mm 筛备用。

4.1.2.2 青蒿素提取和含量测定方法

青蒿素的提取为恒温振荡浸提法：精确称取青蒿粗粉 1.000 g，40℃干燥 3 h，以 20 mL 石油醚(60～90)为溶剂，30℃恒温振荡提取 24 h，频率 120 r/min，连续提取 4 次，每次将前一次的提取液倾出，加入 10 mL 提取溶剂，共提取 4 d，合并提取液，总量为 50 mL。

青蒿素含量的分析方法为：改进的柱前衍生 HPLC-UV 法。该方法的条件为：采用 250 mm×4.6 mm Lichrospher C_{18}-5 μm 不锈钢柱，260 nm 紫外测定器。以甲醇＋缓冲液(50＋50 *V*/*V*；0.01 mol/L Na_2HPO_4-NaH_2PO_4 缓冲液)作流动相，流速为 0.8 mL/min。青蒿素标准品(或青蒿提取浸膏)以 95%乙醇补充(溶解)至 15.0 mL。再加入质量分数为 0.2%的 NaOH 8.0 mL，45.0℃水浴 30 min 后冷却至室温，加入 0.08 mol/L 的 HAc 10 mL 摇匀，以 95%乙醇于 50 mL 容量瓶中定容。静置 12 h，进样前用微孔过滤器(0.45 μm)过滤，260 nm 处测吸收峰。线性范围 0～300 mg/L，相关系数 R^2= 0.9999。

4.1.2.3 数据分析

利用 Excel 2007 软件包对数据进行统计分析、绘图。

4.2 结果与分析

4.2.1 野生青蒿生长特性

在哈尔滨市随机选择不同生境下(光照充足；散生、簇生)20 株野生青蒿并挂牌标记，定期测定植株长势变化动态。观测结果表明(图 4-1)，野生青蒿的生育期较短，苗期为4月中旬至5月上旬，营养生长期为5月上旬至7月中旬，现蕾期为7月中旬至7月下旬，盛蕾期为7月下旬至8月中旬，开花期为8月中旬至9月上旬，结籽期为9月上旬至10月上旬，种子成熟期为10月上旬至10月末。生于荒地、闲置地、石砾地、河边、路旁、坡地等处。野生青蒿在4月中旬开始发芽，首先长出基生叶，4月下旬至5月上旬开始抽生侧枝。青蒿发芽至抽生侧枝前，株高生长比较缓慢，接着进入2个月左右的株高生长迅速期，以后生长逐渐趋于缓慢，到花蕾形成期停止生长。茎增粗生长有2个迅速期：第一个长粗迅速期出现在株高生长迅速期之前，增粗的茎为株高迅速生长做准备；第二个长粗迅速期出现在株高生长迅速期之后，为加强对已有株高的支撑，同时也为支持生殖生长即将形成大量的花蕾做准备。茎的侧枝数增长迅速期与株高生长迅速期相吻合，这一时期主茎迅速生长，侧枝大量生成，所以侧枝数量迅速增加。但随着主茎的长高，下部的分枝由于光照不足，少量的枝条及其叶片枯萎变黄，株高生长后期虽然新的枝条不断长出，但总的分枝数不再增加。植株冠幅与植株密度关系很大，密度大其冠幅相对小。

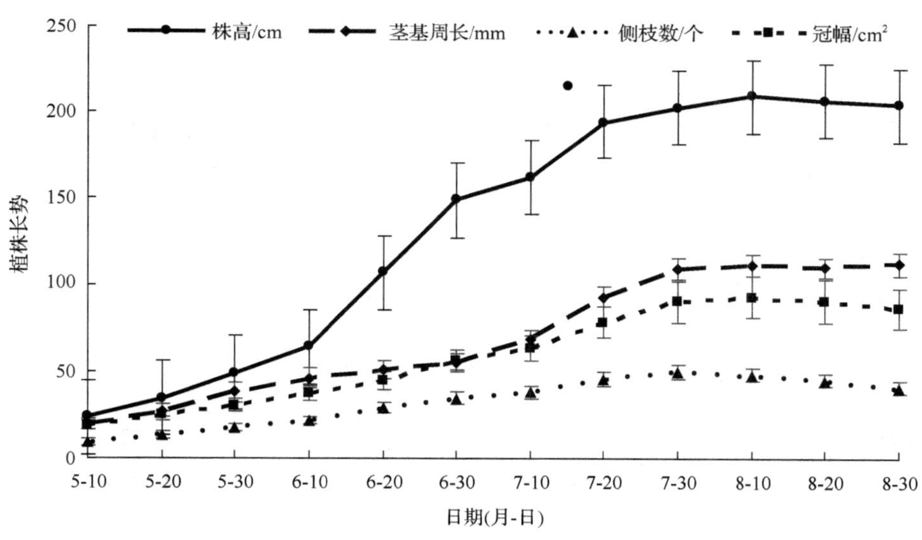

图4-1 野生青蒿植株长势变化动态

4.2.2 野生青蒿中青蒿素含量及药用生物量研究

4.2.2.1 野生青蒿中青蒿素含量测定

哈尔滨野生青蒿中青蒿素含量测定结果见图4-2：青蒿中青蒿素含量极低，为0.017%～0.052%，达不到产地药用收购标准(0.45%～0.5%)。在生育期内青蒿素含量经历一个由低到高，再降低的过程。在 7 月末 8 月初，含量达最高。

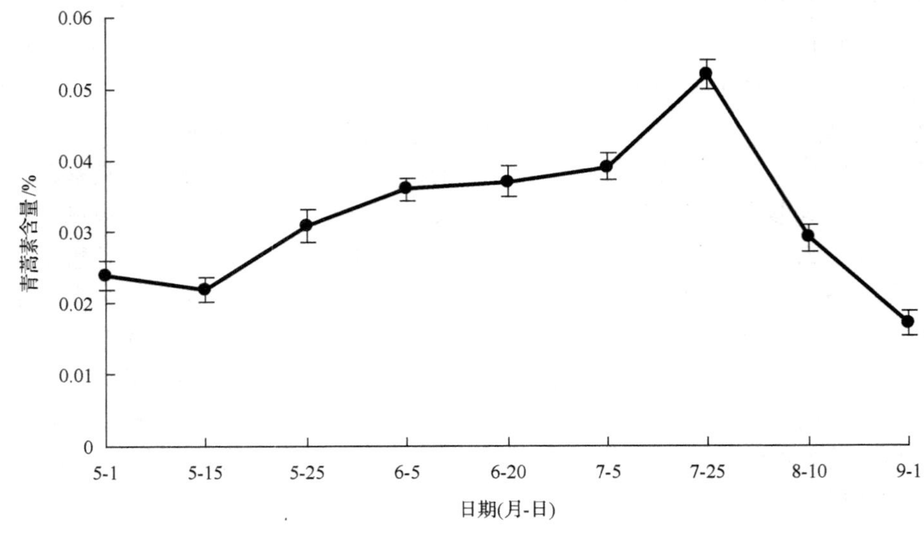

图 4-2　野生青蒿生长期内青蒿素含量变化

分别采集齐齐哈尔等市、镇(乡)的野生青蒿(7 月末至 8 月初)，测定其青蒿素含量，结果表明(图 4-3)：虽然各地样品含量差异较大，但在含量最高期采集的所有样品，青蒿素含量均未达到 0.1%。

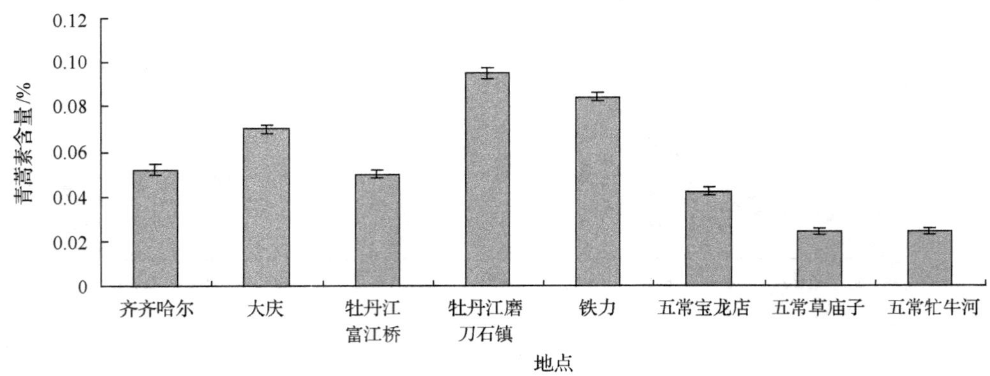

图 4-3　不同地区野生青蒿中青蒿素含量

在 6 月下旬、7 月下旬、8 月下旬分别采集同一地块不同光照强度生境的野生青蒿样本，测定青蒿素含量。结果表明(图 4-4)，光照强弱对青蒿素含量的影响较大，光照强则青蒿素含量较高，光照弱则青蒿素含量较低，强光下青蒿的青蒿素含量显著高于弱光下的含量，为 1.6～4.1 倍。这种影响随着植株的生长逐渐加大。

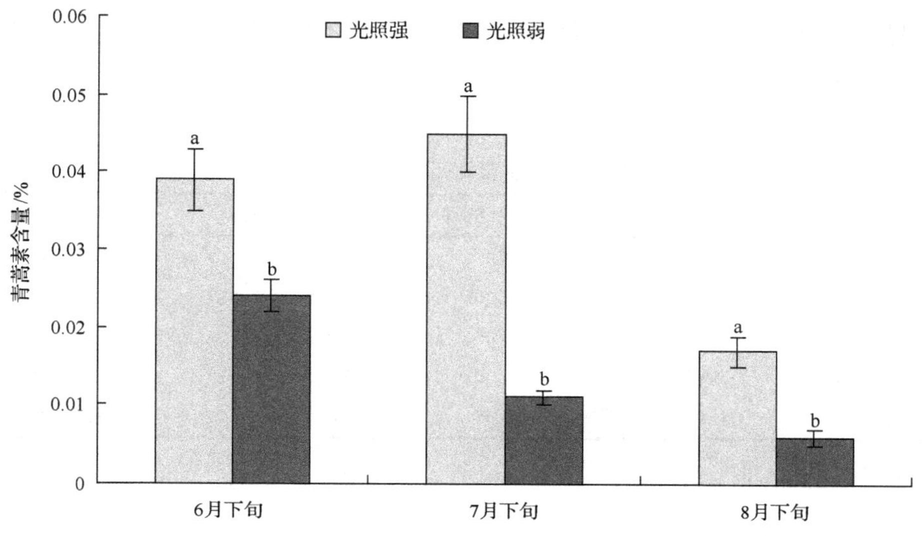

图 4-4 不同生长时期、光照条件下野生青蒿中青蒿素含量

4.2.2.2 野生青蒿生物量测定

青蒿生长不同时期，采集哈尔滨城郊撂荒地野生青蒿各 20 株，测定药用部位(叶带少量嫩枝)的生物量及失水率变化，结果表明(图 4-5)，7 月下旬进入现蕾期前生物量最大；样品含水量随着植株生长逐渐变小，这可能与主茎的木质化有关。

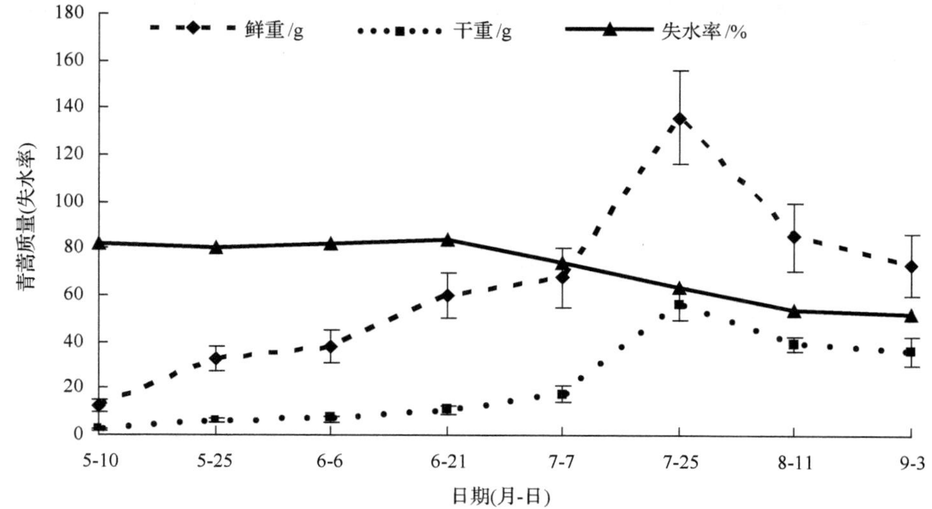

图 4-5 野生青蒿生长期药用生物量变化

青蒿具有最大药用部位生物量的生长时期与青蒿素含量高峰期基本吻合，在

此时期采集不同生境条件下的野生青蒿样品，测定 50 株的药用部位生物量，结果表明(表 4-1)：平均单株生物量较大，土壤条件好和光照充足条件有利于青蒿积累生物量。

表 4-1 野生青蒿药用部位生物量

采集时间	采集地环境	植株数/株	平均鲜重/(g/株)	平均干重/(g/株)
7 月 24 日	荒地(光照充足)	10	156.6±25.7	57.61±9.47
7 月 25 日	石砾地(光照充足)	10	136.6±19.8	51.21±7.43
7 月 27 日	坡地(光照充足)	10	159.1±21.6	57.45±7.80
7 月 29 日	荒地(半阴半阳)	10	168.3±24.2	59.56±8.55
7 月 29 日	荒地(光照不足)	10	111.6±14.3	38.15±4.89

4.3 本章小结

野生青蒿生长期内青蒿素含量经历一个由低到高，再降低的过程。在孕蕾期青蒿素含量和青蒿药用部位生物量达最大，对省内不同地区野生青蒿中青蒿素含量测定结果表明，牡丹江、铁力、大庆、齐齐哈尔等地区青蒿素含量较其他地区的含量高，含量最大为 0.095%。与主产区生长的青蒿中青蒿素含量(0.5%～1.2%)相比，黑龙江省野生青蒿资源无利用价值。

青蒿生境的不同光照条件对青蒿素含量影响较大，在孕蕾期影响最大，因此光照充足有益于青蒿素积累；光照充足条件下土壤条件对生物量产量有影响但不是很大。

5 引种青蒿栽培技术研究

黑龙江省的气候条件可使当地野生青蒿完成生育期，且单株生物量大。但研究发现黑龙江省野生青蒿资源无利用价值。作者的课题组连续 3 年在黑龙江省引种主产区不同种源的青蒿进行栽培试验，通过对青蒿长势、青蒿素含量和药用生物量变化规律的研究，建立了青蒿栽培技术，为黑龙江省引种青蒿，开展大规模栽培生产提供可靠依据。

5.1 材料与方法

5.1.1 实验材料

本研究所用主产区青蒿种源见表 5-1。

表 5-1 栽培种源一览表

种源编号	原栽培植物青蒿素含量/%	原产地	种子来源
YN-05	0.80	云南	2005 年收获，云南农业大学提供，冰箱冷藏保存，当年、隔年播种
YN-051HZ	0.458	黑龙江引种	YN-051HZ，2006 年收获
YN-051DZ	0.431		YN-051DZ，2006 年收获
YN-051WS	0.315		YN-051WS，2006 年收获
YN-051WZ	0.410		YN-051WZ，2006 年收获
HN-1	0.785	湖南	2006 年收获，湖南农业大学提供
HN-2	0.743		
GX-1	0.86	广西	2006 年收获，广西植物研究所提供
GX-2	0.81		
YY-1	0.96	重庆酉阳	2006 年收获，酉阳政府青蒿产业办公室
YY-2	1.1		
YY-3	1.0		

5.1.2 方法

5.1.2.1 栽培地点

2006 年 5 月下旬至 6 月上旬将上年收获的云南青蒿（YN-05）种子在哈尔滨

(YN-05HZ)、大庆(YN-05DZ)、五常(YN-05WZ)等市大田直播栽培，于10月初将大田植株盆栽移入温室，留种为引种1代(YN-051HZ、YN-051DZ、YN-051WZ)。

同年6月上旬在东北林业大学大庆生物技术研究院温室内盆栽(YN-05WS)，留种为引种1代(YN-051WS)。

2007年早春3月下旬温室播种青蒿进行集成板式纸筒育苗(种源见表5-1，育苗方法见附录标题3的内容，育苗采用的未展开的集成板式纸筒外观见附图3-1。每册纸筒长×宽×高=40 cm×15 cm×2 cm，1册纸筒=16行×50个/行；可将纸筒沿宽度剪裁为两部分，这样每册纸筒可变为长×宽×高=40 cm×7.5 cm×2 cm，减少一半成本，若每筒1株，平均1册纸筒最多能育800株苗，每平方米最多能育2617株苗，见附图3-2)，5月10日移栽哈尔滨、大庆、五常大田中，哈尔滨地块的青蒿未施基肥，大庆、五常地块的青蒿移栽时施复合肥(600 kg/hm^2)为基肥，观察各栽培地块青蒿的长势，测定青蒿素含量和药用部位生物量。

所用青蒿种子(见附录标题3的内容，见附图3-3)装入玻璃瓶中，储存于4℃冰箱中备用。

5.1.2.2 取样

药用部位生物量测定：每处理3次重复，每处理随机采集20株的叶(带少量嫩枝)，称量鲜重和晒干后的干重，取平均值。含量测定取样：每处理3次重复，每处理随机采集20株植株上部4个不同方向分别取1个侧枝的叶(带少量嫩枝)，晒干，植物粉碎机粉碎，过0.4 mm筛备用。

5.1.2.3 青蒿素提取和含量测定研究

青蒿素提取和含量测定方法按4.1.2.2节的方法进行。

5.1.2.4 数据分析

利用Excel 2007软件包对数据进行统计分析、绘图。

5.2 结果与分析

5.2.1 种子发芽特性

主产区收获的青蒿种子，颗粒饱满，粒小，种子千粒重在0.03 g左右，种子在OLYMPUS SZX9型实体显微镜10×20倍下镜台测微尺测量20粒，平均大小为：长(640±46) μm；宽(352±34) μm(附图3-4，附图3-5)。黑龙江省引种的青蒿1代(YN-051)种子，颗粒饱满，明显大于上一年的种子，种子千粒重在0.06 g左右。

5.2.1.1 种子在野外的发芽特性

2006 年在 5 月下旬和 6 月上旬精选 YN-05 饱满种子 200 粒，分别在哈尔滨、大庆、五常不同地块播种，重复 1 次。播种前浇透水，保持土壤湿润，观察记录种子发芽情况。种子发芽结果见表 5-2。在大庆、五常地块种子的发芽率相近，分别为 66.0%和 63.5%，而哈尔滨地块在一个半月前用过除草剂，种子发芽率大大降低。说明栽培青蒿须慎用抑制杂草种子萌发的除草剂，除草剂在一个月左右没有降解完全。

表 5-2 种子在野外的发芽特性

播种地块	播种日期(月-日)	萌发日期(月-日)	萌发高峰期(月-日)	种子数/粒	发芽数/粒	发芽率/%
哈尔滨	6-1	6-14～6-26	6-17～6-22	200	85	42.5
大庆	5-25	6-8～6-20	6-11～6-16	200	132	66.0
五常	5-20	6-4～6-15	6-7～6-11	200	127	63.5

5.2.1.2 种子在温室内的发芽特性

2006 年 5 月下旬精选 YN-05 饱满种子 100 粒，在大庆日光温室内进行种子发芽试验。2007 年 3 月下旬精选 YN-05、YN-051DZ、YY-1 饱满种子 100 粒，在黑龙江省农业科学院园艺分院日光温室内进行种子发芽试验。重复 1 次。

结果见表 5-3。青蒿种子无休眠期，成熟后在适宜条件下即能萌发。购买的 2005 年年底收获的种子 YN-05 在 2006 年春天室内发芽试验中发芽率为 89%；2006 年年底收获 YN-05 的种子为 YN-051DZ，该种子在 2007 年春天室内发芽试验中发芽率为 86%；购买的 2005 年年底收获的种子 YN-05 在 2007 年春天室内发芽试验中发芽率为 84%；购买的 2006 年年底收获的种子 YY-1 在 2007 年春天室内发芽试验中发芽率为 88%。结果表明这四者的发芽率相近。说明适当保存种子，2 年内种子发芽率无显著差异。对比室内和野外育苗结果(表 5-2，表 5-3)表明，在黑龙江省引种栽培青蒿，更适合于温室育苗。不仅可以提高发芽率，而且可在当地大田播种时节到来时完成育苗工作，既减少野生类型混杂，又可延长青蒿的生长期。

表 5-3 种子在日光温室内的发芽特性

种子来源	发芽时间/d	种子数/粒	发芽数/粒	发芽率/%
YN-05	3～12	100	89	89
YN-05(隔年)	3～12	100	84	84
YN-051DZ	3～12	100	86	86
YY-1	3～12	100	88	88

5.2.2 播种育苗方法

2006 年 5 月下旬至 6 月上旬大田直播青蒿种子，播种时节晚，气候干旱，种子发芽慢，出苗率低，有少量野生苗混杂，不能在大田完成生育期，霜冻来临时青蒿中青蒿素含量和药用生物量不能达到最高，不是适宜的栽培方法。2007 年、2008 年改为早春集成板式纸筒育苗，青蒿中青蒿素含量和药用生物量能在高气温时节达到最高值，并具有生产价值。

5.2.2.1 大田播种方法

2006 年栽培青蒿采用此法。

选择水源充足的地块，平畦育苗，畦宽 1.4 m，沟深 0.2 m，畦距 0.6 m。播种前浇水湿润苗床，用木棍压畦面开浅沟，按行距 0.6 m 条播，每畦播 3 条。播种时先将种子与细沙以 1∶1000 的比例混匀，用拇指和食指轻捻，使种子均匀撒入沟内，播后覆盖过筛的细土，薄层以盖上种子为度。再次喷雾淋足水，覆盖稻草保持地面湿润。播后 15～20 d 开始出苗，在青蒿幼苗多于 5 叶时进行间苗、匀苗，将弱苗和杂草除掉，留苗苗距为 0.4～0.5 m。苗高 0.2 m 以上时，畦面开沟备垄。

5.2.2.2 纸筒温室育苗方法

2007 年以后栽培青蒿采用的方法。

(1) 纸筒备土　在温室内，将孔径为 21 mm 的集成板式纸筒拉开内容，置于平板或地面上，装满细土，用水将土浇透。

(2) 播种　播种时间一般宜选在春季，3 月下旬～4 月上旬为最佳育苗时间，按实际播种面积，每平方米用青蒿种子 0.17～0.20 g (纯度 60%以上)。播种前，将种子与细沙或细泥按 1∶300 的比例伴匀(重量比)，均匀播于纸筒的土面上。

(3) 覆膜　在播种后的土面上盖上一层吸水纸，再覆上薄膜，并将四周与纸筒用水粘紧(见附录标题 3 的内容，附图 3-6，此照片为裁剪后高度为 7.5 cm 的纸筒)。

(4) 管理　①出苗后管理：播后 3～6 d 开始出苗，出苗后每天检查一次，特别注意苗床不要缺水(见附录标题 3 的内容，附图 3-7)。②揭膜炼苗：苗长至两叶一心后，将薄膜揭开，保持室内通风良好。③间苗除草：在苗长至 4～5 叶时进行间苗匀苗，将弱苗和杂草除去，留苗每筒 1～3 株。

(5) 移栽　苗高 10 cm 以上即可移栽(见附录标题 3 的内容，附图 3-8)。移栽时应根据情况，先匀大苗，后栽小苗。在备好的垄上按一定的株距挖穴(施基肥的地块，先将基肥施入穴中)，穴中浇满水，苗连纸筒插在穴中，待水渗没后，培上干土即可。

5.2.3 引种青蒿生长特性

青蒿(HN-1)在原产地可进行秋季、夏季和春季播种。春季播种是在3月上旬到中旬播种，4月下旬移栽，经过10 d左右的成活到5月上旬进入营养生长期。生长旺盛期在6月上旬至7月下旬，8月下旬至9月上旬花蕾形成[195]。

青蒿HN-1引种到黑龙江省，其生长周期与原产地相近，但时间上落后于原产地。3月下旬到4月初温室集成板式纸筒育苗，5月上旬移栽，经过10 d左右的成活到5月下旬进入营养生长期。生长旺盛期在6月下旬至8月中旬，9月上旬至中旬花蕾形成。

5.2.3.1 苗期生长特性

2007年3月下旬在哈尔滨市黑龙江省农业科学院园艺分院温室采用集成板式纸筒育苗，种子发芽后观察幼苗生长情况。幼苗的生长是一个由慢到快的过程，开始生长缓慢，从种子发芽展出两片子叶(见附录标题4的内容，附图4-1)开始到第1对真叶形成需3～5 d时间，第7～10天长出第2对真叶(见附录标题4的内容，附图4-2，附图4-3)，15 d左右长出第5片真叶，以后生长逐渐加快，在播种20 d左右进行除草疏苗补苗，到5月初移栽时大部分幼苗具有10片左右的真叶。第1～5片真叶十分小，叶片不裂开，以后形成的叶片逐渐增大，并出现羽状深裂。早期的叶为基生叶，有叶柄，在第10～15片叶时，茎开始伸长，形成茎生叶，茎生叶的叶柄逐渐变短(见附录标题4的内容，附图4-4，附图4-5)。移栽后，新形成的叶片直接着生于茎上(见附录标题4的内容，附图4-6，附图4-7)，移栽时大部分幼苗的茎高为5～10 cm，每筒留苗1～3株。来源于不同地区及黑龙江省引种1代的青蒿幼苗苗期生长情况无明显差别。

5.2.3.2 移栽后植株的生长特性

2007年5月上旬将来源于湖南的青蒿(HN-1)幼苗分别移栽到哈尔滨和五常市，经10 d左右成活并开始生长，5月20日定株挂牌，开始观测记录。分别观测30株。青蒿主茎的生长旺盛期在6月下旬至8月中旬，引种的青蒿比当地野生品种生育期长(见附录标题4的内容，附图4-8，附图4-9)。营养生长后期为8月下旬。此时期青蒿营养生长速度逐步变慢，整个植株除主茎基部极少数叶变黄外，其余叶片均为绿色，主茎及一、二级分枝已经形成，主茎伸长显著，三级分枝开始形成(见附录标题4的内容，附图4-10)。9月上旬至中旬花蕾形成，植株直到9月底才停止长高。因此植株高大，生长在哈尔滨和五常的植株的平均株高分别为：220 cm、240 cm。图5-1为青蒿株高的生长动态。

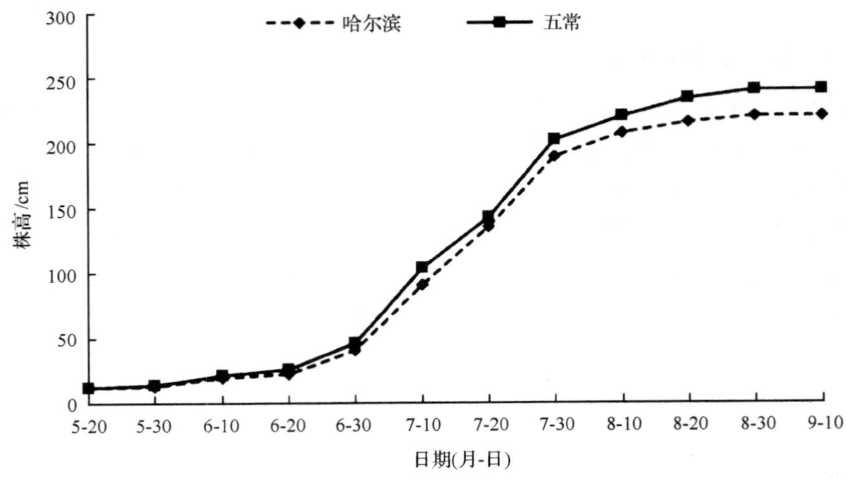

图 5-1　青蒿在不同地区植株主茎高的生长动态

主茎的长粗有两个高峰期，一个是 5 月下旬至 6 月下旬，一个是 8 月上旬至下旬(见附录标题 4 的内容，附图 4-11，附图 4-12)。茎的第一个长粗迅速期出现在株高生长迅速期之前，增粗的茎为株高迅速生长做准备；第二个长粗迅速期出现在株高生长迅速期之后，为加强对已有株高的支撑，同时也为支持生殖生长即将形成大量的花蕾做准备。图 5-2 为青蒿植株主茎茎基的生长动态。

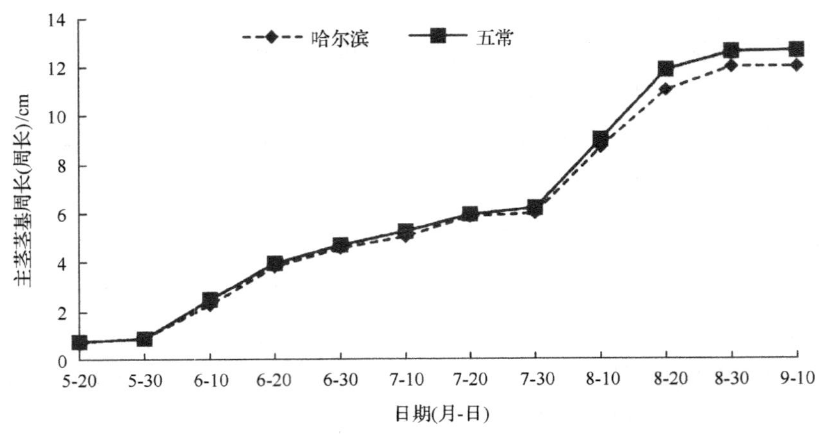

图 5-2　青蒿在不同地区植株主茎茎基周长的生长动态

茎的侧枝数量增长的高峰期在 6 月中旬至 8 月中旬，与茎的长高高峰期相吻合。这一时期主茎迅速生长，皆大量生成，所以侧枝数量迅速增加。但随着主茎的长高，下部的分枝由于受光差，少量的枝条及其上面生长的叶子枯萎变黄，因此，进入 8 月虽然新的枝条不断长出，但总的分枝数不再增加。图 5-3 表示青蒿植株侧枝数的增长动态。

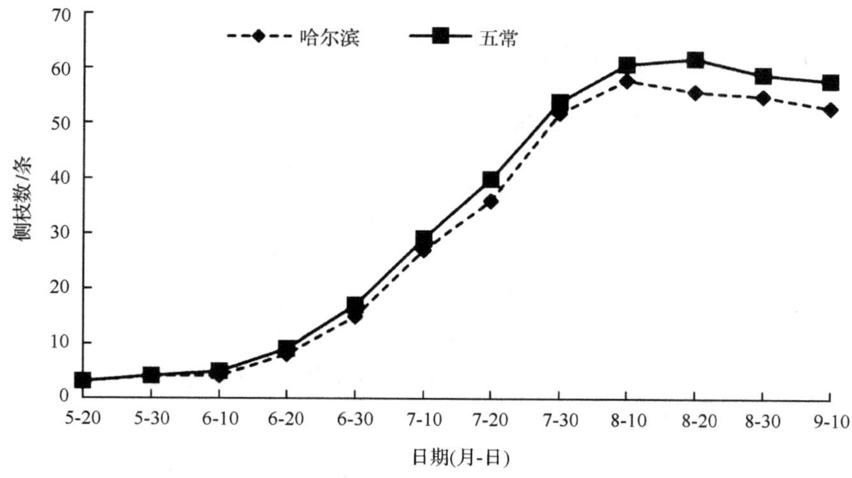

图 5-3 青蒿在不同地区植株侧枝数的增长动态

植株冠幅与种植密度有很大关系，生长状态良好的独株的冠幅可超过 2 m^2。哈尔滨栽培的青蒿种植密度大于五常栽培的植株，因此其冠幅相对小。图 5-4 表示冠幅的增长动态。

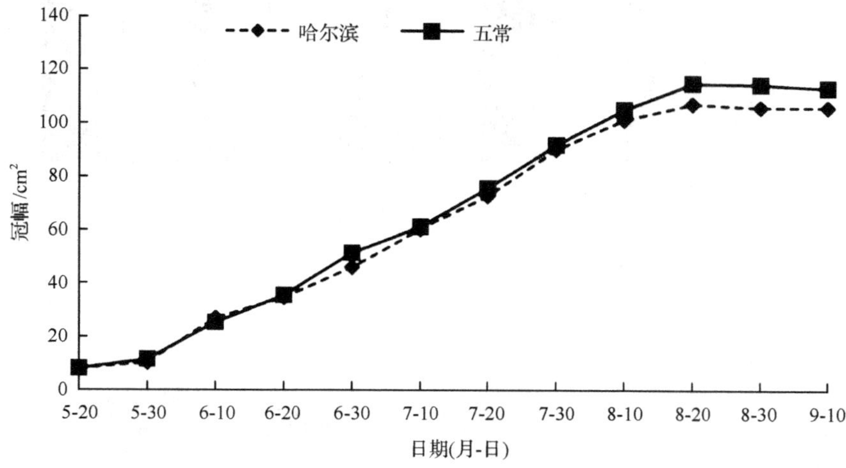

图 5-4 青蒿在不同地区植株冠幅增长动态

引种的青蒿，移栽后需 10 d 左右缓苗期，植株长势变化历程在时间上落后于野生类型(见附录标题 5 中的附图 5-1)，栽培与野生类型植株长势之间有一定的差异，但生长变化趋势是一致的。高温、高湿和强光照可使野生和栽培青蒿快速生长。野生类型生长周期短，能完成其生育期；但引种栽培的植株生长周期长，转入生殖生长后，霜冻来临时植株的种子尚未形成或未成熟。

5.2.4 栽培方法对青蒿素含量影响研究

5.2.4.1 大田直播青蒿的青蒿素含量

2006 年分别在哈尔滨、大庆(大田和温室)、五常等不同城市的大田播种云南青蒿(YN-05)种子，由于播种晚，在 10 月中旬才进入现蕾期，为防霜冻，10 月上旬将大田青蒿盆栽移入温室(见附录标题 5 中的附图 5-2)，继续生长并收获种子。测定结果表明：现蕾前期和现蕾期青蒿素含量最高，分别为 0.458%、0.491%(图 5-5)，显著高于当地野生植株，说明青蒿素含量主要受种源遗传背景的影响。但由于青蒿在植物生长季节的生长期短，含量下降较大(图 5-6)。生长后期移入温室继续生长，花费高，是大规模生产不能实现的。

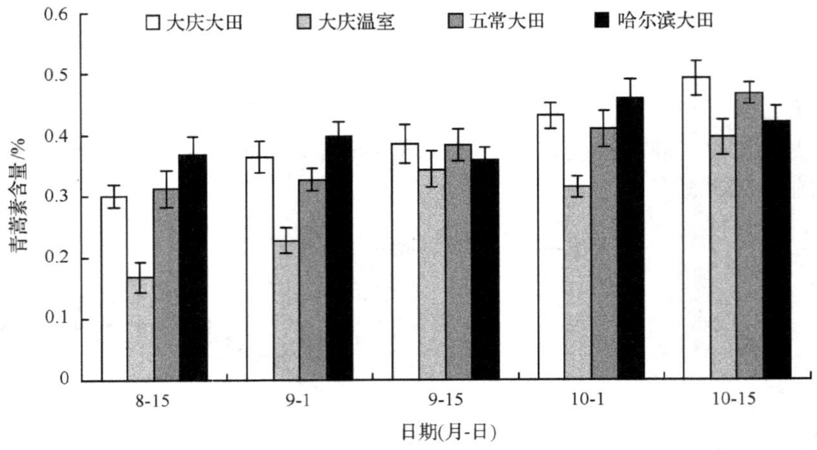

图 5-5 引种青蒿 YN-05 的青蒿素含量

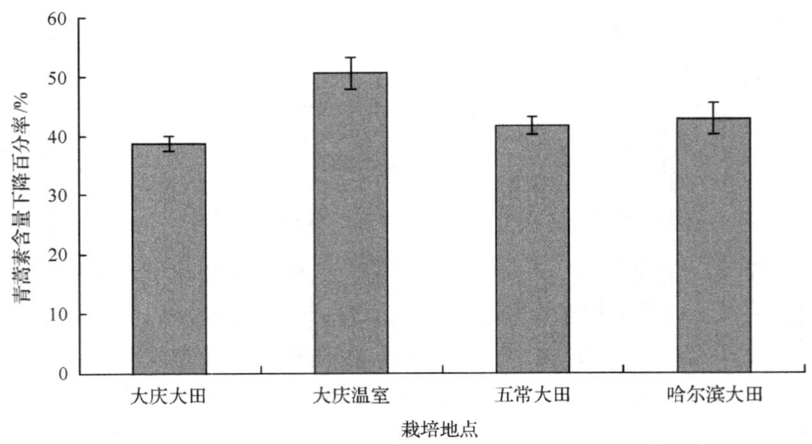

图 5-6 YN-05 的青蒿素含量下降百分率

5.2.4.2 温室育苗栽培青蒿的青蒿素含量

为研究确定青蒿在黑龙江省的最佳栽培时间，2007 年早春 3 月下旬温室播种青蒿(HN-1)进行集成板式纸筒育苗，5 月 10 日移栽于大田中，移栽后的生长状态见附录标题 5 中的附图 5-3～附图 5-5。定期测定青蒿素含量。结果表明：青蒿在生长过程中，青蒿素含量是一个由低到高，再降低的过程。经过 4～9 月 5 个月生长期，到 9 月上旬的花芽分化期青蒿素含量累积到最高水平，达 0.555%(图 5-7)。9 月 20 日后在青蒿进入现蕾期时青蒿素含量开始降低。早春纸筒育苗移栽，青蒿素含量的最高值比晚播的最高值(图 5-5)升高 13.03%，说明应提早播种育苗，使引种的青蒿能在本地完成生育期。

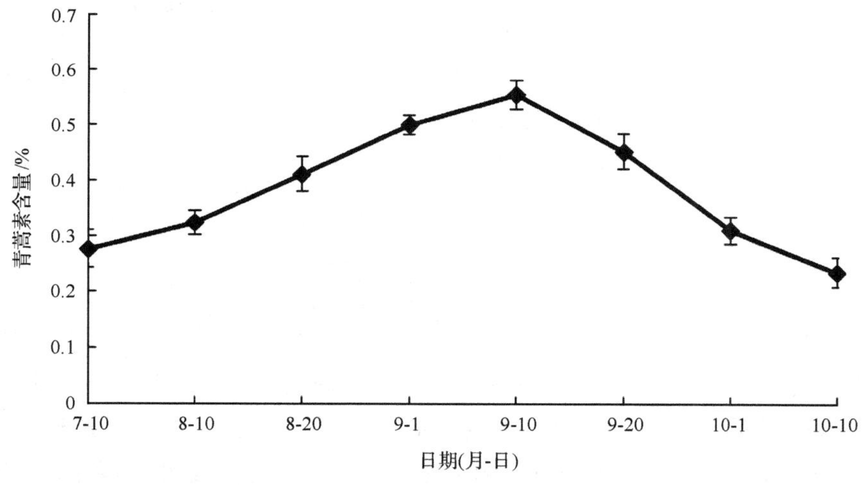

图 5-7 引种青蒿 HN-1 生长期内青蒿素含量变化

温室栽培青蒿(见附录标题 5 中的附图 5-6)，温度适宜，但由于日照强度明显低于室外，测定的青蒿素含量低于大田栽培的青蒿中的青蒿素含量，说明光照强度是影响青蒿素含量和产量的重要因素，这与陈福泰和张桂花[203]高温(30℃)和强光照使青蒿素的含量成百倍地增长的观点一致。说明青蒿素的含量主要受种源的遗传背景影响，同时也受生长的环境条件影响。黑龙江省夏季气温高，日照时数多、辐射强度大，有利于青蒿生长和青蒿素积累。

5.2.5 温室育苗移栽的青蒿药用生物量

2007 年测定哈尔滨、大庆、五常等 3 个地区温室育苗移栽的青蒿药用部位生物量，收获青蒿现场见附录标题 5 中的附图 5-7。结果表明：提早育苗可提高青蒿药用部位生物量的产量(表 5-4)。早育苗 1 个月移栽后单位面积药用部位生物量的产量可提高 26.5%。因此最佳育苗时间是 3 月下旬至 4 月上旬，收获时间是 9 月上旬。而在黑龙江省 3 月下旬至 4 月上旬的日平均气温还不能稳定通过≥0℃，因此，不能采用大田播种方法栽培青蒿。栽培株距不同(行距 0.6 m 固定条件下，株距为 0.4 m 药用部位生物量最大)，对亩①产药用部位生物量影响较大。青蒿本性适合群生，合理密植可提高药用部位生物量[65,204]。

表 5-4　引种湖南青蒿药用生物量产量

栽培地	播种时间(月-日)	移栽时间(月-日)	收获时间(月-日)	平均鲜重/(g/株)	平均干重/(g/株)	每公顷株数/(株/hm^2)(行距×株距，m)	干重/(kg/hm^2)
哈尔滨	3-25	5-10	8-20	290.0±29.2	82.07±8.27	41 667(0.6×0.4)	3 419.6±345
			9-10	294.9±31.6	84.64±9.06		3 526.7±378
大庆	4-25	6-10	9-10	291.1±28.8	84.12±8.31	23 810(0.6×0.7)	2 002.9±198
			10-10	235.0±27.4	69.09±8.06		1 645.0±192
五常	3-25	5-10	8-20	381.7±35.9	107.25±10.08	23 810(0.6×0.7)	2 553.6±240
			9-10	401.9±42.2	114.15±11.97		2 717.9±285
	4-25	6-10	9-10	282.4±28.7	81.32±8.25	23 810(0.6×0.7)	1 936.2±196
			10-10	216.0±24.5	64.38±7.31		1 532.9±174

引种的青蒿，通过提早育苗大田移栽，在本地的生境条件下生长，植株 9 月中旬进入现蕾期，不仅达到了野生植株的高度(见附录标题 5 中的附图 5-8)，而且茎粗(见附录标题 5 中的附图 5-9)、叶片密集，单株生物量(g/株)显著高于野生青蒿的单株生物量，同时引种的青蒿中青蒿素含量也显著高于野生植株。引种的青蒿单位面积的药用部位生物量产量也高于原产地栽培的青蒿(表 5-5)。

表 5-5　不同来源青蒿药用生物量产量对比

种源	栽培地	生长时期	平均干重/(g/株)	株/m^2(行距×株距，m)	干重/(kg/hm^2)
野生	黑龙江		59.56	散生	—
引种湖南	黑龙江	花芽分化期	84.64(哈尔滨)	27 800(0.6×0.4)	3 526.7
			114.15(五常)	15 880(0.6×0.7)	2 717.9
湖南	湖南		143[134]	11 910(0.8×0.7)	2 553.6

① 1 亩≈666.7 m^2

5.3 本章小结

引种的青蒿，温室育苗移栽后需 10 d 左右缓苗期，植株长势变化历程在时间上落后于野生类型，栽培与野生类型植株长势之间有一定的差异，但生长变化趋势是一致的。高温、高湿和强光照可使青蒿快速生长。野生类型生长周期短，能完成其生育期；但引种栽培的植株生长周期长，转入生殖生长后，霜冻来临时植株的种子尚未形成或未成熟。

对比温室内和大田育苗结果及育苗方法，青蒿在黑龙江省引种栽培，更适合于温室育苗。温室育苗发芽率高，需要时间短，可在本地大田播种季节到来时完成育苗工作，既减少野生类型混杂，又可延长青蒿的生长期；且集成板式纸筒育苗移栽方便、用土量小，成本低。

引种和野生青蒿中青蒿素含量累积趋势是一致的，但含量高低差异极大，说明青蒿素含量主要受遗传背景控制，其次受环境条件影响；引种青蒿的青蒿素含量可达到工业利用水平(0.4%～0.5%，g/g) [205]，且药用部位生物量单产超过了原产地；引种栽培的青蒿对本地的各种立地条件具有很强的适应性。

对比不同播种育苗方法青蒿素含量及药用生物量产量可知，提早育苗不仅提高了青蒿素积累的最高含量，而且增大了药用生物量的产量，因此青蒿高产栽培技术确定为：早春 3 月下旬至 4 月上旬温室集成板式纸筒育苗，5 月上旬移栽大田，9 月上旬收获。课题组在大庆市和五常市大田移栽青蒿场景见附录标题 5 中的附图 5-10 和附图 5-11。

6　引种青蒿药材质量、产量及效益评价

青蒿主产区分布在广西、云南、四川、湖南等地区，近年来主产区青蒿选育工作取得很大进展，主栽的青蒿品种的青蒿素含量有很大提高。确定了引种青蒿栽培技术之后，需要筛选黑龙江省栽培能获得高青蒿素含量的主产区青蒿种源，为后续研究、推广工作打下基础。

高纬度引种青蒿，青蒿生长的生态环境发生很大变化，其药用成分是否随着生长环境的变化发生变异，需要进一步研究。引种青蒿将为黑龙江省中草药栽培生产领域提供新的药材，必须对该药材的经济效益和社会效益进行评价，只有效益可观，才有推广生产价值。

6.1　材料与方法

6.1.1　实验材料与仪器

(1) 实验试剂　本研究所用试剂见表 2-1。

(2) 实验仪器　本研究所用实验仪器见表 2-2。

(3) 实验材料　本研究所用实验材料同 2.1.1.3 节。

6.1.2　大田试验材料

本研究所用主产区青蒿种源见表 5-1。

6.1.3　方法

6.1.3.1　栽培方法

2006 年、2007 年青蒿栽培方法同 5.1.2.1 节所述。

2008 年早春 3 月下旬在哈尔滨市黑龙江省农业科学院园艺分院温室播种 2006 年收获的 YY-3 种子进行集成板式纸筒育苗，5 月 6 日移栽大田，小区为 6.67 m^2 (4.55 m×1.465 m)，栽培密度为 0.3 m×0.65 m，每个处理设 3 个重复；未施基肥，7 月下旬采用正交设计法进行不同处理，各处理小区按随机数法随机排列。于 9 月上旬采集所有处理的样品，称量茎秆生物量。

2008 年 5 月 6 日，将青蒿幼苗移至东北林业大学校园内路边荒地栽培，将荒地上的腐草清掉，栽培株行距为 0.25 m×0.3 m，在管理上，只除 3 次杂草，未施

肥料，未进行灌溉，任其自然生长。于 9 月上旬采集样品，测定青蒿素含量并称量药用生物量。

所用青蒿种子，装于玻璃瓶中，储存在 4℃冰箱中备用。

取样方法：同 5.1.2.2 节所述。

药用部位生物量测定：每处理 3 次重复，每处理随机采集 20 株的叶(带少量嫩枝)，称量鲜重和晒干后的干重，取平均值。含量测定取样：每处理 3 次重复，每处理随机采集 20 株植株上部不同方向各 1 侧枝的叶(带少量嫩枝)，晒干，植物粉碎机粉碎，过 0.4 mm 筛备用。

6.1.3.2　青蒿素提取和含量测定研究

青蒿素提取和含量测定方法按 4.1.2.2 节的方法进行。

6.1.3.3　青蒿素的定性分析方法

(1) 显色反应　①碘化钾反应：取本品约 5 mg，加无水乙醇 0.5 mL 溶解后，加碘化钾试液 0.4 mL，稀硫酸 2.5 mL 与淀粉指示液 4 滴，立即呈紫色[11]。②异羟肟酸铁反应：取本品约 5 mg，加无水乙醇 0.5 mL 溶解后，加盐酸羟胺试液 0.5 mL，氢氧化钠试液 0.25 mL，置水浴中微沸，放冷后，加盐酸 2 滴和三氯化铁试液 1 滴，立即显深紫红色[11]。

(2) 薄层层析法分析　取引种青蒿粉末 1.000 g，共 4 份，分别以石油醚(30～60)、石油醚(60～90)、正己烷、环己烷 50 mL，30℃、100 r/min，恒温振荡 2 d，滤液加 0.4 g 活性炭脱色，过滤，滤液蒸干，残渣加 95%乙醇 0.5 mL，作为供试品溶液。另取青蒿对照药材粉末 1.000 g，以石油醚(60～90) 50 mL，依上述方法配制供试品溶液。依薄层层析法[11]实验，吸取上述 5 种溶液各 5 μL，分别点于同一硅胶 G 薄板上，以石油醚(60～90)-乙醚(3∶2)为展开剂，展开取出，晾干，喷以 10%硫酸乙醇溶液，在 105℃加热至斑点显色清晰，置紫外光灯(365 nm)下检视。

分别取引种青蒿、青蒿对照药材粉末 1.000 g，以石油醚(60～90) 50 mL，依上述方法制备供试品溶液。另取青蒿素对照品 2 mg，以 95%乙醇定容至 10 mL 容量瓶中，作为对照品溶液。依薄层层析法[11]实验，吸取上述 3 种溶液各 5 μL，分别点于同一硅胶 G 薄板上，依上述方法进行展开、显色，置紫外光灯(365 nm)下检视。

(3) 红外光谱法分析　采用傅里叶变换红外光谱仪 AVATAR360(美国尼高力公司)，KBr 压片法。分辨率 4 cm^{-1}，检测范围 400～4000 cm^{-1}。

6.1.3.4　数据分析

利用 Excel 2007 和 Origin 7.0 统计软件包对数据进行统计分析、绘图。

6.2　结果与分析

6.2.1　引种青蒿药材的质量评价

6.2.1.1　显色反应

(1) 碘化钾反应　取青蒿素约 5 mg，加无水乙醇 0.5 mL 溶解后，加碘化钾试液 0.4 mL，稀硫酸 2.5 mL 与淀粉指示液 4 滴，立即呈紫色。

(2) 异羟肟酸铁反应　取青蒿素约 5 mg，加无水乙醇 0.5 mL 溶解后，加盐酸羟胺试液 0.5 mL 与氢氧化钠试液 0.25 mL，置水浴中微沸，放冷后，加盐酸 2 滴和三氯化铁试液 1 滴，立即呈深紫红色。

6.2.1.2　薄层层析法分析

依 6.1.3.3 节下 (2) 薄层层析法鉴定供试品 (图 6-1)，在与青蒿药材色谱相应位置上，分别呈相同颜色的荧光斑点。表明不同提取溶剂的引种青蒿提取物与青蒿药材提取物主斑点一致；同时，青蒿药材和引种青蒿的石油醚 (60～90) 提取物与青蒿标准品显示的荧光斑点 (图 6-2) 结果一致。说明黑龙江省引种的青蒿未发生地域性变异，引种青蒿药材质量可靠。

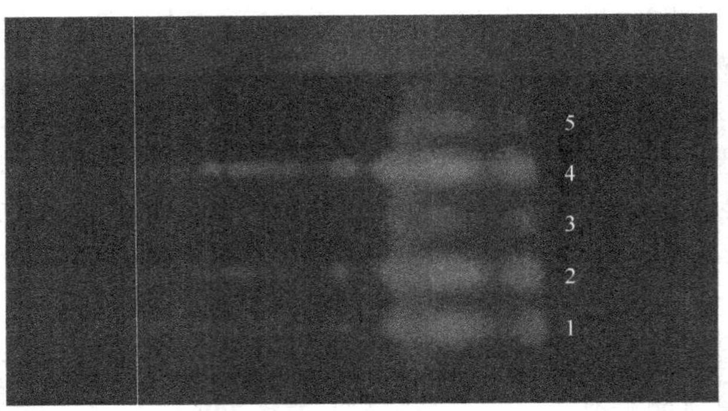

图 6-1　引种青蒿不同溶剂的提取物与青蒿对照药材薄层鉴别

提取物溶剂 (下→上：1～5)；1. 石油醚 (30～60)；2. 石油醚 (60～90)；3. 青蒿药材石油醚 (60～90) 提取物；4. 正己烷；5. 环己烷

6.2.1.3　红外光谱法分析

从青蒿素标准品的 IR 谱图 (KBr 漫反射法) 可以看出青蒿素的特殊吸收峰有：1740 cm^{-1} 具 (γC═O，δ-内酯)；1120 cm^{-1} (γC—O)；724 cm^{-1} (γO—O)。1120 cm^{-1} 的碳氧伸缩振动附近有其他吸收峰，724 cm^{-1} 的过氧基团的伸缩频率吸收强度较弱。只有 1740 cm^{-1} 一个羰基伸缩振动峰强度较大，峰形较好，周围无其他峰干扰

(图 6-3，图 6-4)。对比引种青蒿提取物与青蒿素标准品红外分光光度法检测结果表明(图 6-5)：引种青蒿中提取的青蒿素红外吸收谱图与青蒿素标准品相一致，说明引种过程中青蒿中有效成分未产生地域性变异且应用本提取方法，提取青蒿素纯度较高，并进一步证明引种青蒿药材质量可靠。

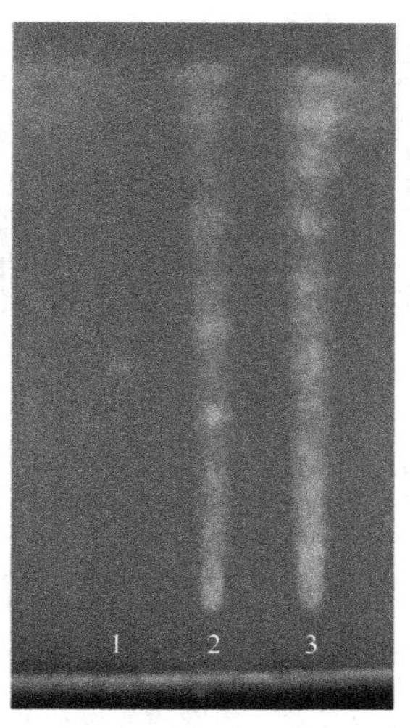

图 6-2　青蒿素标准品、青蒿药材提取物与引种青蒿提取物薄层鉴别

1. 青蒿素标准品；2. 青蒿药材提取物；3. 引种青蒿提取物(左→右：1～3)

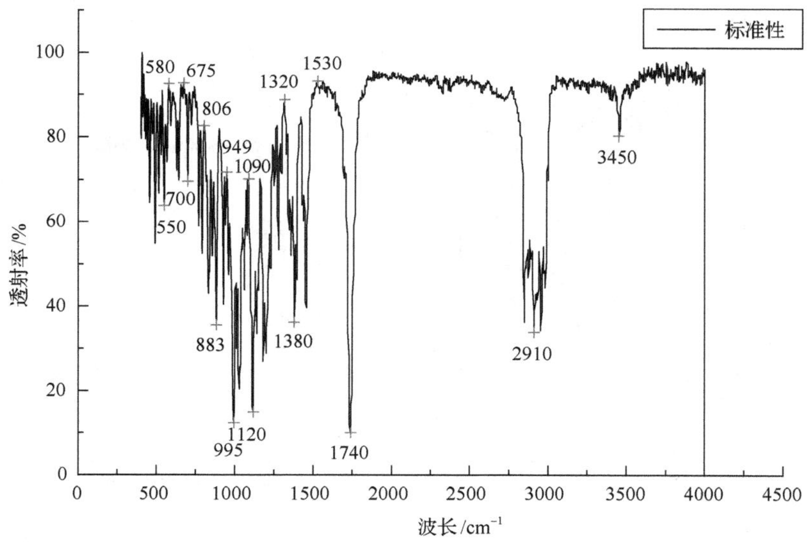

图 6-3　青蒿素标准品红外吸收谱图

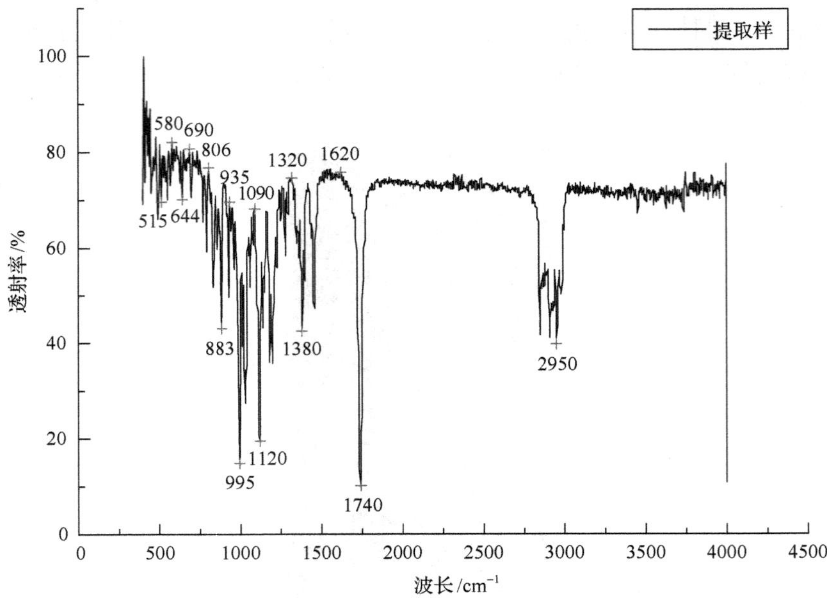

图 6-4　引种青蒿中提取青蒿素红外吸收谱图

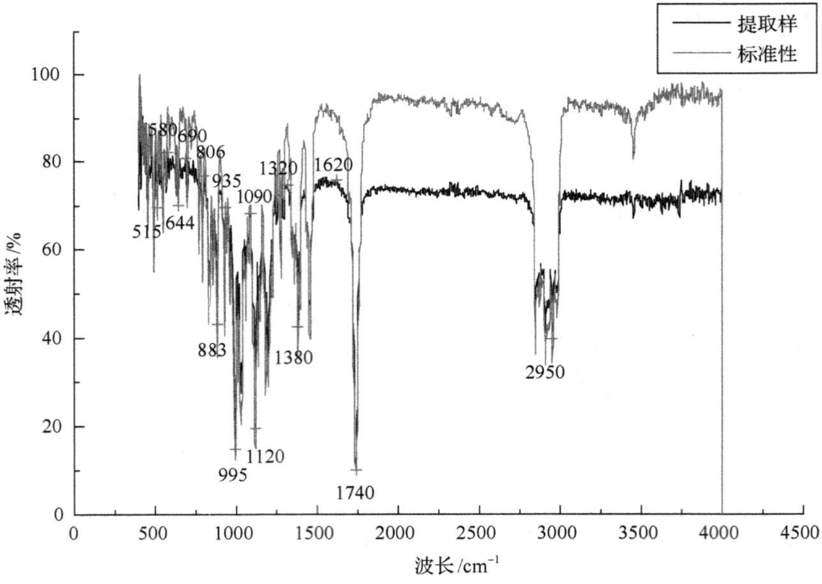

图 6-5　引种青蒿中提取的青蒿素与青蒿素标准品红外吸收谱图

6.2.2　引种青蒿中青蒿素含量分析

6.2.2.1　青蒿植物不同组织部位青蒿素含量测定

2006 年 10 月上旬取大庆温室生长的同一青蒿植株的叶、三级分枝、二级分枝、一级分枝、主茎等不同组织部位样本，晒干，此株植株挂牌观测。在现蕾期和开花期分别采集花蕾期和花期样本，晒干。精确称取不同组织部位样本粗粉各 1.000 g，按青蒿素提取和含量测定方法测定青蒿素含量，结果表明(表 6-1)：青蒿叶中青蒿素含量最大，测定的青蒿素含量大小次序为叶＞花蕾＞花＞三级分枝(嫩枝)＞二级分枝＞一级分枝＞主茎。主茎中几乎测定不到。因此，青蒿叶子带少量嫩枝是药用组织部位。

表 6-1　青蒿植物不同组织部位青蒿素含量

组织部位	叶	花蕾	花	三级分枝	二级分枝	一级分枝	主茎
QHS 含量/%	0.412±0.039	0.398±0.034	0.362±0.033	0.131±0.012	0.064	0.011	微量

6.2.2.2　青蒿药用部位的干燥方法研究

关于青蒿收获后干燥方法的研究报道较多[91,199,206]。为确定干燥方法，把哈尔滨引种的云南青蒿药用部位的样品(2006 年 10 月 1 日采集)分别进行阴干、日晒、40℃烘干、60℃烘干、–40℃速冻等处理，测定青蒿素含量(图 6-6)。结果表明：日晒干燥青蒿素含量最高。因此可选择晴天收割，水泥场院晒干后，打落叶子，弃去茎秆，收集叶子阴凉干燥通风处储存，短时间内进行提取。

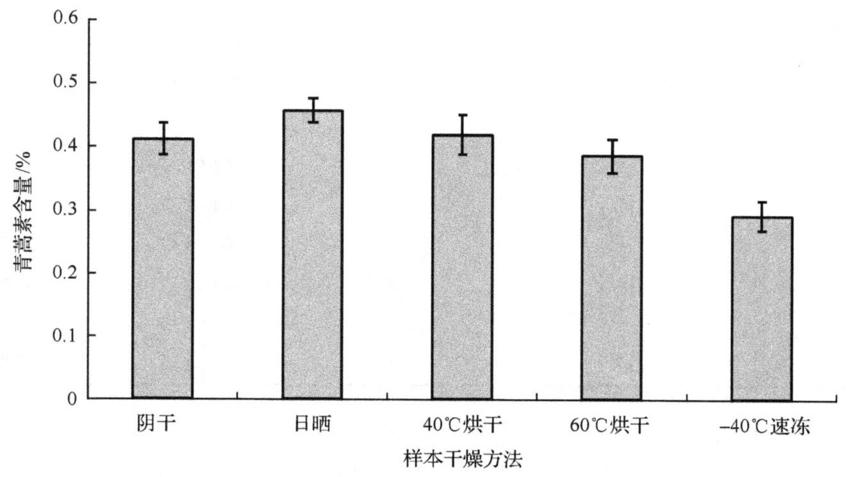

图 6-6　不同干燥方法青蒿中青蒿素的含量

6.2.2.3 引种不同种源青蒿中青蒿素含量测定

2007 年 3 月下旬早春温室播种来源于南方不同省份的青蒿种源进行育苗，5 月 10 日移栽在哈尔滨、五常大田中，移栽时施用复合肥 450 kg/hm^2 作为基肥。在 8 月 27 日、9 月 1 日分别采集五常和哈尔滨栽培的 8 个不同种源的青蒿样品，测定其青蒿素含量，结果见表 6-2。五常栽培的青蒿中 YY-2 的青蒿素含量最高，为 0.668%，YN-05 最低，为 0.498%；哈尔滨栽培的青蒿中 GX-2 的青蒿素含量最高，为 0.652%，YN-05 最低，为 0.456%；两地栽培的青蒿中青蒿素含量均达到了药用收购标准(0.45%～0.5%及以上)，同一种源五常栽培的多数比哈尔滨栽培的青蒿中青蒿素含量高，这可能与五常的栽培地块处于深山区、海拔较高等有关。但由于地理生态环境、气候因素的不同，在黑龙江省栽培南方青蒿，青蒿素含量均有不同程度的变化，栽培一年后青蒿素含量与原产地栽培的相比下降 19.5%～45.4%。

表 6-2 引种的不同种源青蒿中青蒿素含量

种源	引种地点	青蒿素含量/%		下降率/%
		原产地	引种	
HN-1	哈尔滨	0.785	0.512±0.029	34.8
	五常		0.520±0.034	33.7
HN-2	哈尔滨	0.743	0.467±0.041	37.1
	五常		0.502±0.027	32.4
GX-1	哈尔滨	0.86	0.578±0.022	32.7
	五常		0.558±0.029	35.1
GX-2	哈尔滨	0.81	0.652±0.034	19.5
	五常		0.615±0.031	24.1
YY-1	哈尔滨	0.96	0.596±0.032	37.9
	五常		0.622±0.020	35.2
YY-2	哈尔滨	1.1	0.601±0.026	45.4
	五常		0.668±0.033	39.3
YY-3	哈尔滨	1.0	0.611±0.019	38.9
	五常		0.664±0.042	33.6
YN-05	哈尔滨	0.80	0.456±0.046	43.0
	五常		0.498±0.036	37.8

云南 2005 年收获的种子，在 4℃冰箱储存 1 年多，2007 年栽培的青蒿素含量与 2006 年栽培的青蒿素含量相近，均为 0.4%～0.5%，且种子发芽率也没有变化。

6.2.2.4 YN-05 引种 2 代青蒿素含量

2007 年 3 月下旬早春温室播种 YN-05 引种 1 代收获的种子进行育苗，5 月 10 日分别移栽在哈尔滨、五常大田中。在 8 月 27 日、9 月 1 日分别采集五常、哈尔滨样品，测定青蒿素含量，结果见表 6-3。引自云南的青蒿 2 代，青蒿素含量最高的为五常的 YN-051WZ，0.405%，最低的为哈尔滨的 YN-051WS，0.295%。与上一年相比含量降低 1.2%～31.0%，但 2006 年温室盆栽收获的种子 2007 年在五常大田播种后青蒿素含量由 0.315%提高到 0.352%。

表 6-3 YN-05 引种 2 代中青蒿素含量

种源	引种地点	青蒿素含量/%		下降率/%
		原产地	引种地	
YN-051 HZ	哈尔滨	0.458	0.316±0.024	31.0
	五常		0.333±0.019	27.3
YN-051DZ	哈尔滨	0.431	0.343±0.038	20.4
	五常		0.365±0.027	15.3
YN-051WS	哈尔滨	0.315	0.295±0.028	6.3
	五常		0.352±0.037	11.7*
YN-051WZ	哈尔滨	0.410	0.371±0.031	9.5
	五常		0.405±0.025	1.2

*为升高百分率

6.2.3 引种青蒿药用生物量产量分析

6.2.3.1 不同种源青蒿生物量测定

2007 年 3 月下旬早春温室播种来源于南方不同省份的青蒿种源进行育苗，5 月 10 日移栽在哈尔滨、五常大田中。移栽时施用复合肥 450 kg/hm^2。在 8 月 27 日、9 月 1 日分别采集五常和哈尔滨栽培的 8 个不同种源的青蒿样品，测定其药用部位生物量产量(表 6-4)。哈尔滨栽培的青蒿，栽培地块地势平坦，各种源生物量差异不大，生物量最高为(3771.0±355.5) kg/hm^2，最低为(3595.8±319.5) kg/hm^2。五常栽培的青蒿，地势高低不同，在地势高的西坡上的植株生物量偏低，最低为 GX-2，(2654.1±273.0) kg/hm^2；而栽培在地势低的东坡上的植物生物量偏高，最高为 YY-3，(4014.6±420.0) kg/hm^2，这与当年 6～7 月气候异常干旱有关。平均生物量及青蒿素含量最高的种源为 YY-3。

表 6-4　引种不同种源青蒿药用生物量产量

种源	引种地点	生物量/(kg/hm^2)
HN-1	哈尔滨	3637.1±313.5
	五常	3503.7±322.5
HN-2	哈尔滨	3746.7±301.5
	五常	3297.0±334.5
GX-1	哈尔滨	3701.9±346.5
	五常	2774.6±277.5
GX-2	哈尔滨	3646.8±343.5
	五常	2654.1±273.0
YY-1	哈尔滨	3771.0±355.5
	五常	3693.3±376.5
YY-2	哈尔滨	3729.5±315.0
	五常	3409.7±360.0
YY-3	哈尔滨	3681.3±328.5
	五常	4014.6±420.0
YN-05	哈尔滨	3595.8±319.5
	五常	3054.0±294.0

6.2.3.2　引种 2 代药用生物量

哈尔滨栽培的 YN-05 引种 2 代(YN-051WZ)的平均生物量较同年在哈尔滨栽培的 YN-05 引种 1 代的生物量[(3595.8±319.5) kg/hm^2](表 6-4)稍低，为(3425.1±286.5) kg/hm^2(表 6-5)。

表 6-5　引种 2 代青蒿药用生物量产量

种源	引种地点	生物量/(kg/hm^2)
YN-051 HZ	哈尔滨	3208.4±283.5
	五常	2927.9±300.0
YN-051DZ	哈尔滨	3370.2±273.0
	五常	3107.3±276.0
YN-051WS	哈尔滨	3292.8±304.5
	五常	2847.8±268.5
YN-051WZ	哈尔滨	3425.1±286.5
	五常	3264.6±289.5
		3324.2±286.5(哈尔滨栽培地块，平均值)
		3036.9±283.5(五常栽培地块，平均值)

6.2.4 荒地栽培青蒿中青蒿素产量研究

荒地栽培青蒿的实验场景见附录标题5中的附图5-12和附图5-13，选择的地块周围有高树遮挡，光照不太充足，管理简单，只需进行除草管理工作，避免杂草与青蒿争夺养分。测定结果表明(表6-6)，青蒿素含量比大田栽培稍低，但生物量产量相差1.59倍，青蒿素产量相差2.02倍。观察发现引种青蒿与附近野生青蒿长势相近。说明引种青蒿适应性强，在荒地栽培长势良好，但由于荒地肥力较差，加上光照条件不好，影响了青蒿素产量。

表6-6 荒地与耕地栽培青蒿中青蒿素产量对比

样品	采样时间		平均生物量/(kg/50 m^2)	青蒿素产量/(kg/hm^2)
	9月3日	9月24日		
荒地栽培青蒿	9.363	1.791	6.05	11.34
耕地栽培青蒿	10.906	1.970	15.69	34.24

6.2.5 青蒿茎秆生物量产量研究

2008年栽培的青蒿，在称量药用生物量的同时，对其茎秆的生物量进行称量，鲜重为916 kg/亩，干重为439.68 kg/亩，失水率为52%。其产量极大，若开发利用将给栽培青蒿带来更大的经济效益。

6.2.6 引种青蒿效益评价

6.2.6.1 引种青蒿社会效益分析

(1) 丰富黑龙江省药材资源　该项技术的推广应用可使黑龙江省中草药生产增加新的品种，荒地栽培青蒿试验表明，引种青蒿长势与该地块附近野生青蒿相近，若选择光照条件好的地块，采用适当的栽培管理措施使青蒿素产量提高，在生产力差的荒地、废弃地、闲置地上生长良好，将使荒地变成耕地，能起到绿化环境、提高土地利用率、改善生态环境的社会效益。

(2) 生产出符合中药材生产质量管理规范(GAP)要求的药材原料　为制药工业和中医处方用药提供符合标准的优质药材，促进我国中医中药事业的发展，为人民的防病治病做出贡献。

(3) 为调整农业结构，发展青蒿生产提供技术保障　本项技术可使引种青蒿中青蒿素含量达到工业利用水平，检测样品的最高含量已达主产区的高标准，且药用生物量单产超过了原产地。引种的青蒿对本地的各种立地条件具有很强的适应性。项目组经过3年、多地(不同气候区)、多次栽培试验研究，药效评价结果证明在黑龙江省引种青蒿，青蒿素含量可以达到药用收购标准，并具有可观的生物量。能够指导引种青蒿从“种源→育苗→移栽→田间管理→收获→药效评价”的整个生产过程，为黑龙江省引种青蒿，开展大规模栽培生产提供理论依据。

6.2.6.2 引种青蒿经济效益分析

引种青蒿生产管理简单，引种青蒿与当地传统农作物经济效益分析见表 6-7。青蒿以青蒿收购公司 2007 年初与重庆酉阳药农签订合同价计；玉米、大豆以 2007 年平均产量和收购价格以国家统计局黑龙江调查总队 2008 年 1 月资料计。青蒿生产成本按实际发生的：种子购入、育苗、移栽、田间管理的实际费用计算；玉米、大豆分别按 2007 年本地农业生产的平均成本估算。

表 6-7 引种青蒿与传统农作物经济效益对比

作物品种	收购单价/(元/kg)	平均产量/(kg/hm^2)	经济收益/(元/hm^2)	生产成本/(元/hm^2)	纯收入/(元/hm^2)
青蒿	5.00	4 014.6±420.0*	20 073.0±2 100.0	3 000	17 073±2 100.0
玉米	1.24	5 098.35	6 321.95	2 250	4 071.95
大豆	3.67	1 504.05	5 519.86	2 520	2 999.86

*最高青蒿药用生物量产量

青蒿生于荒野、山坡、路边及河岸边，分布几乎遍及全国[207]。对土壤质地及 pH 要求不严[208]。2007 年引种的青蒿药用生物量平均产量为 4014.6 kg/hm^2，产值为 20 073 元/hm^2；玉米、大豆按 2007 年的平均产量和收购价格计算，产值为 6321.95 元/hm^2 和 5519.86 元/hm^2。分别去除生产成本 3000 元/hm^2、2250 元/hm^2、2520 元/hm^2，纯收益分别能够达到(17 073±2100.0)元/hm^2、4071.95 元/hm^2、2999.86 元/hm^2。

2008 年栽培的青蒿，在测定药用生物量的同时，对其茎秆的生物量进行测定，鲜重为叶产量的 2 倍。其茎秆产量大，自然干燥条件下，燃烧值为 16 100 J/g，若开发利用作为生物质能源等将给青蒿栽培带来更大的经济效益。

可见该研究成果若推广生产，将给广大生产者带来可观的经济效益。

黑龙江省引种青蒿收益远高于当年主要栽培作物玉米、大豆的收益。通过近几年的观察还发现，青蒿在光照条件好的荒地、荒坡、废弃地、石砾地长势不低于农田中的长势。因此根据青蒿适应性强的特点及荒地栽培青蒿试验结果，在黑龙江省可利用生产力差的闲置、废弃土地引种青蒿，既可获得可观的经济效益，又避免与传统农作物争地。

6.3 本 章 小 结

定性分析结果表明：引种的青蒿未发生地域性变异。

引种青蒿中青蒿素含量虽有下降，但仍然能达到药用收购标准且生物量大。

引自酉阳的青蒿 YY-2 的青蒿素含量最高，为 0.668%，药用部位生物量最大的为 YY-3，(4014.6±420.0) kg/hm^2。因此充分利用青蒿栽培对土壤类型要求不高[69]及适应性强的特点，在荒地、废弃地、闲置地、石砾地开展大规模栽培生产，既可带动黑龙江省乡村、林场经济的发展，又避免了与传统作物争地，是一项很好的惠农惠林项目。

选择光照条件好的荒地栽培青蒿，并提高土壤肥力，可提高青蒿素产量。收获的最佳季节与上一年研究结果一致，为 9 月上旬。

黑龙江省引种青蒿收益远高于当年主要栽培作物玉米、大豆的收益。青蒿茎秆产量极大，目前尚未见被利用的报道，若开发利用将给栽培青蒿带来更大的经济效益。因此，引种青蒿既能获取经济效益又能起到绿化环境，提高土地利用率的社会效益，可使荒地变成耕地，丰富黑龙江省药材资源。

7　青蒿药效影响因子研究

作物产量的形成有 40%～80%的养分来自土壤，为保证土壤有足够的养分供应容量和强度，保持土壤养分的携出与输入之间的平衡，必须通过施肥这一措施来实现。依靠施肥，可以把被作物吸收的养分“归还”土壤，确保土壤肥力。目前，国内外关于引种青蒿栽培措施的研究已经取得了一定的进展，相关的参考经验较多，但施肥必须与选用良种、肥水管理、种植密度、耕作制度和气候变化等影响肥效的诸因素结合，形成一套完整的施肥技术体系。

作物产量高低是由影响作物生长发育诸因子综合作用的结果，但其中必有一个起主导作用的限制因子，产量在一定程度上受该限制因子的制约[209]。黑龙江省引种主产区青蒿，地域跨度很大，为给引种青蒿提供一套科学的栽培措施，必须研究影响作物产量的因子对青蒿药效和产量的作用，将各种养分配合施用，提高引种青蒿的青蒿素产量。

7.1　材料与方法

7.1.1　试验材料

种源：2007 年采用湖南省青蒿 HN-1；2008 年采用重庆酉阳青蒿 YY-3。

7.1.2　方法

7.1.2.1　栽培方法

2007 年 3 月下旬在位于哈尔滨市的黑龙江省农业科学院园艺分院试验田温室播种 2006 年收获的 HN-1 种子并进行集成板式纸筒育苗，5 月 10 日分别进行移栽大田和露天盆栽，试验场地见附录标题 5 中的附图 5-14。未施基肥，6 月下旬至 7 月上旬进行单因素试验。8 月下旬取样，测定青蒿素含量和药用生物量(下称生物量)。

(1) 移栽大田的小区为 6.67 m^2 (0.6 m×11.12 m)，栽培密度为 0.4 m×0.6 m，每个处理设 3 个重复，每隔 10 个小区设 1 个对照，每类处理的对照值为所设对照的平均值。

(2) 盆钵大小为 0.3 m×0.35 m，在移栽青蒿的耕地就地取耕层土，每盆装风干土 12 kg，按盆间距为 0.1 m，行间距为 0.6 m 摆放在青蒿栽培地旁。每小区摆放 28 盆，对照设置方法同(1)。

7.1.2.2 处理方法

1. 矿质营养元素对青蒿中青蒿素产量的影响

7 月 1 日为青蒿追施矿质营养元素，采用盆栽青蒿进行试验，大量和中量营养元素施肥方式为根施，施入盆边土中；微量营养元素分别兑以清水叶面喷施。各种营养元素施用水平见表 7-1。

表 7-1 各种元素处理设置的浓度系列

因素	水平/(g/盆)				
	1	2	3	4	5
N	0	0.8	1.6	3.2	6.4
P	0	0.6	1.2	2.4	4.8
K	0	0.6	1.2	2.4	4.8
NPK	0∶0∶0	0.8∶0.6∶0.6	1.6∶1.2∶1.2	3.2∶2.4∶2.4	6.4∶4.8∶4.8
Ca	0	0.3	0.6	1.2	2.4
Mg	0	0.1	0.3	0.6	0.9
Fe	0	0.05	0.1	0.3	0.5
Cu	0	0.05	0.1	0.3	0.5
Mn	0	0.05	0.1	0.3	0.5
Zn	0	0.05	0.1	0.3	0.5
B	0	0.05	0.1	0.2	0.3
Mo	0	0.0025	0.005	0.01	0.02

注：N 源为尿素；P 源为 $NaH_2PO_4 \cdot 2H_2O$；K 源为 K_2SO_4；Mg 源为 $MgSO_4 \cdot 7H_2O$；Zn 源为 $ZnSO_4 \cdot 7H_2O$；Ca 源为 $CaCl_2$；B 源为 H_3BO_3；Fe 源为 $FeSO_4 \cdot 7H_2O$；Cu 源为 $CuSO_4$；Mn 源为 $MnSO_4$；Mo 源为 $NaMoO_4 \cdot 2H_2O$

2. 植物激素样物质对青蒿中青蒿素产量的影响

6 月 26 日在植物生长旺期进行追施植物激素样物质处理，采用大田栽培青蒿进行试验，叶面喷施[210]，第 1 次叶面喷施后的第 10 天，即 7 月 5 日再追施 1 次，施肥量与第 1 次相同，共施 2 次。各种激素样物质施用水平见表 7-2。

表 7-2 各种激素样物质处理设置的浓度系列

因素	水平/(mg/L)(微肥为倍液)				
	1	2	3	4	5
GA	0	10	20	40	80
KT	0	5	10	20	40
NAA	0	5	20	35	50
B9	0	25	50	100	200
氨基酸微肥(AA)	0	600	450	300	150

3. 青蒿种子辐射诱变后栽培对青蒿素产量的影响

2007 年 3 月 20～23 日将青蒿 HN-1 种子用不同辐射源进行诱变处理；2007 年早春同未辐射的种子一起育苗，育苗方法和小区设计按 7.1.2.1 节的栽培方法进行。采用大田栽培青蒿进行试验。各种辐射方式及其水平见表 7-3。

表 7-3 青蒿种子辐射诱变源及强度

因素（强度）	水平								
	1	2	3	4	5	6	7	8	9
紫外线照射时间/s	0	5	10	20	40	60			
微波辐射时间/s	0	3	6	9	12	15	20	40	60
^{60}Co-Γ 射线辐射量/Gy	0	0.25	0.5	0.75	1.00	1.25	1.50	2.00	

注：辐射源如下。①紫外：ZF_3 紫外透射反射分析仪（上海慧鑫科学仪器有限公司制造），波长 302 nm；透射。②微波：GalanzWD750B 型微波炉（顺德格兰仕电器厂有限公司）。③^{60}Co-Γ 射线：黑龙江省农业科学院玉米研究所辐照装置，^{60}Co-Γ 射线源强 4 万居里（Ci）

4. 逆境胁迫（干旱、盐碱）条件对青蒿中青蒿素产量的影响

(1) 干旱胁迫对青蒿中青蒿素产量的影响　2007 年 7 月 1 日开始进行干旱胁迫试验，采用盆栽青蒿进行。用盖大棚的塑料薄膜搭建防雨棚，所有处理每次浇水量均为 3 kg。设计每隔 2 d 浇 1 次水、每隔 1 d 浇 1 次水、每天浇 1 次水（CK）、每天早晚各浇 1 次水等 4 个水平。

(2) 盐碱胁迫对青蒿中青蒿素产量的影响　2007 年 7 月 1 日开始进行青蒿盐碱胁迫试验，采用盆栽青蒿进行。用盖大棚的塑料薄膜搭建防雨棚，将 0%、0.03%、0.05%、0.10%和 0.15%（g/g）等不同水平的 $NaHCO_3$ 分别施入盆边土中，浇透水。所有处理晴天每天浇 1 次水、阴雨天每隔一天浇 1 次水，每次浇水量为 3 kg。

5. 光与温差对青蒿中青蒿素产量的影响

2007 年 7 月 1 日分别开始进行光照强度、光周期和昼夜温差处理：光照强度试验用大田栽培的青蒿进行，分别用单层和双层 50%遮阴网搭建遮光棚，以自然光强为对照（试验场地见附录标题 5 中的附图 5-15）；光周期试验用大田栽培的青蒿进行，分别用遮光布搭建遮光棚（试验场地见附录标题 5 中的附图 5-16），早晨 5 时打开遮光布，下午 14 时、17 时开始遮光，以自然光周期为对照；昼夜温差试验用露天盆栽青蒿进行，设计自然温差、夜间用塑料膜遮盖和夜间室内放置 3 个水平，自然温差和夜间用塑料膜遮盖的小区植株均摆放在青蒿栽培地块旁，但夜间室内放置的植株白天单独摆放在室外空地，离试验地稍远。

6. 青蒿栽培密度，不同时间播种、移栽和收获对青蒿中青蒿素产量的影响

(1) 青蒿栽培密度对青蒿素产量的影响　2007 年 5 月 10 日移栽时，采用大田栽培方式进行试验，以行间距为 0.6 m，株间距分别为 0.2 m、0.4 m、0.7 m 进

行移栽。

(2)青蒿播种、移栽、收获时间对青蒿素含量的影响　2007 年早春选择不同时间进行播种育苗，在 4 月 20 日开始移栽，由于 4 月 20 日气温还很低，偶尔夜间会有霜冻，采用盖地膜的方式移栽。5 月 1 日以后移栽的植物，正常移入大田。采用大田栽培方式进行试验。播种、移栽、收获时间见表 7-4。

表 7-4　不同的播种、移栽、收获时间

播种日期(月-日)	移栽日期(月-日)	收获日期(月-日)
3-25	4-20	9-1
3-25	5-1	
4-5		
3-25	5-10	
4-5		
4-15		
4-25	6-10	

7.1.2.3　青蒿素提取和含量测定

青蒿素提取和含量测定方法按 4.1.2.2 节的方法进行。

7.1.2.4　数据分析

利用 Excel 2007 软件包对数据进行统计分析、绘图。

7.2　结果与分析

7.2.1　矿质营养元素对青蒿中青蒿素产量的影响

作为作物必需的营养元素，不论其在植物体内的含量多少，都各自有其不同于其他营养元素的生理功能。本研究考察了不同营养元素对引种青蒿中青蒿素产量的影响，为青蒿高产栽培施肥技术研究提供可靠依据。

7.2.1.1　大量营养元素对青蒿中青蒿素产量的影响

在植株根附近 15～25 cm 处挖穴，置入肥料，培土。盆内土浇透水。结果表明：所用肥料均能使青蒿素含量提高(图 7-1)，但 N 肥对青蒿素含量的影响不显著。P、K 及复合肥(NPK)对青蒿素含量的影响较大，青蒿素含量分别达到 P4 0.884%、K5 0.881%和复合肥(NPK)2 0.885%，比对照青蒿素含量分别提高 45.4%、44.9%和 45.6%。按单因素 N、P、K 肥处理的用量，简单地组合成复合肥(NPK)处理，青蒿素含量变化规律与 3 种肥料单独施用不同，处理为复合肥(NPK)2 的青蒿中检测的青蒿素含量最高，说明多因素处理对青蒿素含量的影响不同于单因素影响的规律。N、K 和复合肥(NPK)对青蒿生物量的影响显著(图 7-2)，分别比对照高出 20.5%(N3)、54.9%(K4)和 45.4%[复合肥(NPK)2]，其中 K4 能使生物量提高 0.55 倍。青蒿素产量受含量和生物量双因素制约，综合两者的影响可见(图 7-3)，N、P、K 和复合肥(NPK)4 个处理青蒿素产量最大可分别提高 27.9%(N3)、58.5%(P4)、108.9%(K4)和 111.7%[复合肥(NPK)2]，单独施用 K4 肥，可使青蒿素产量达到对照的 2.09 倍，但复合肥(NPK)提高青蒿素产量幅度最大，且所施用的肥料量比单独施用减少，达到对照的 2.12 倍。因此，NPK 适当配比可使青蒿素产量达最大，且生物量增加的贡献远大于青蒿素含量提高对青蒿素产量的影响。

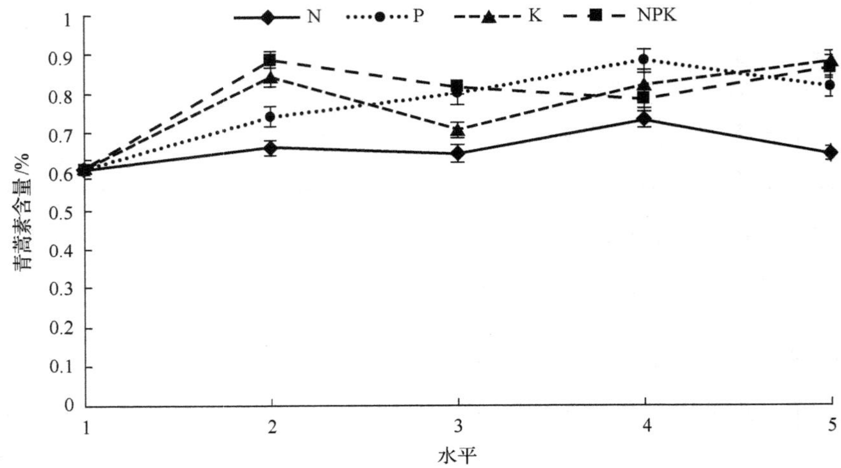

图 7-1　大量营养元素对青蒿素含量的影响

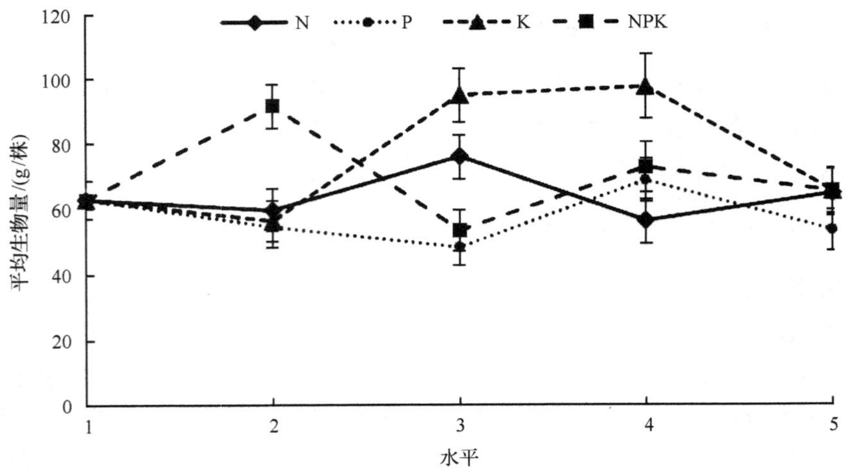

图 7-2　大量营养元素对青蒿平均生物量的影响

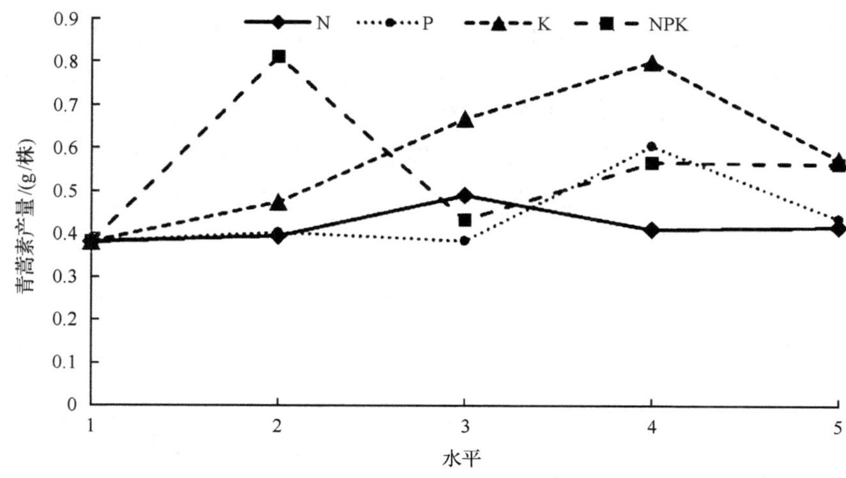

图 7-3 大量营养元素对青蒿素产量的影响

7.2.1.2 中量营养元素对青蒿中青蒿素产量的影响

采用 7.2.1.1 节下的施肥方式施肥。结果表明：两种肥料均能不同程度地提高青蒿素含量(图 7-4)，分别达 0.825%(Ca5)和 0.818%(Mg4)，比对照青蒿素含量分别提高 35.7%和 34.5%，但低于 P、K 和复合肥(NPK)处理的青蒿素含量。Ca、Mg 肥对青蒿生物量的影响显著(图 7-5)，与对照相比，Ca2 和 Mg5 处理植株的药用生物量最大可分别提高 55.4%和 30.6%。图 7-6 表明，Ca5、Mg5 肥可显著提高青蒿素产量，分别达到对照产量的 1.97 倍和 1.69 倍。法尼基焦磷酸合成酶、倍半

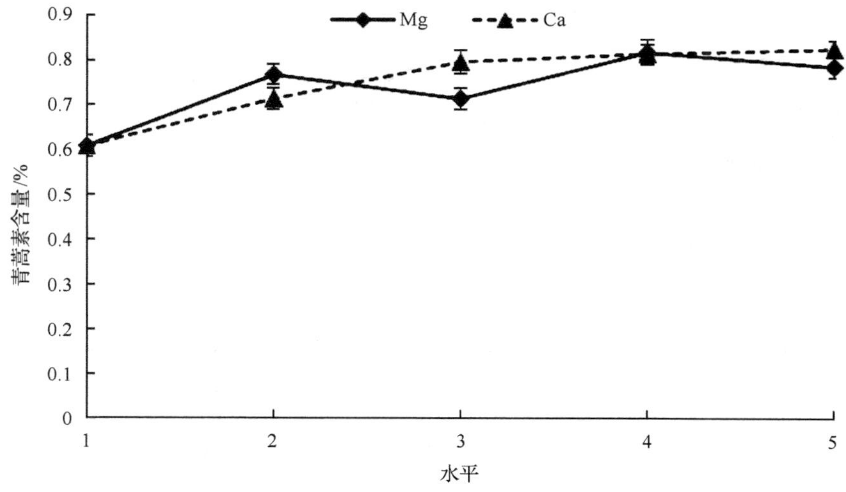

图 7-4 中量营养元素对青蒿素含量的影响

萜环化酶及内酯形成过程中的加氧酶或氧化酶是青蒿素生物合成的关键酶[211]。如倍半萜环化酶的活性受到 Mg^{2+}、Mn^{2+}和真菌诱导子的调节，氧化酶和加氧酶活性也受到光照的促进，通过对不同酶的活性进行有利的调节控制，可最大限度地促进青蒿素的积累。也可通过抑制其次生代谢物的合成途径，使代谢向合成青蒿素的方向移动，明显地提高青蒿素的产量[212]。因此，中量营养元素也能显著提高青蒿素产量，但提高幅度小于大量营养元素。

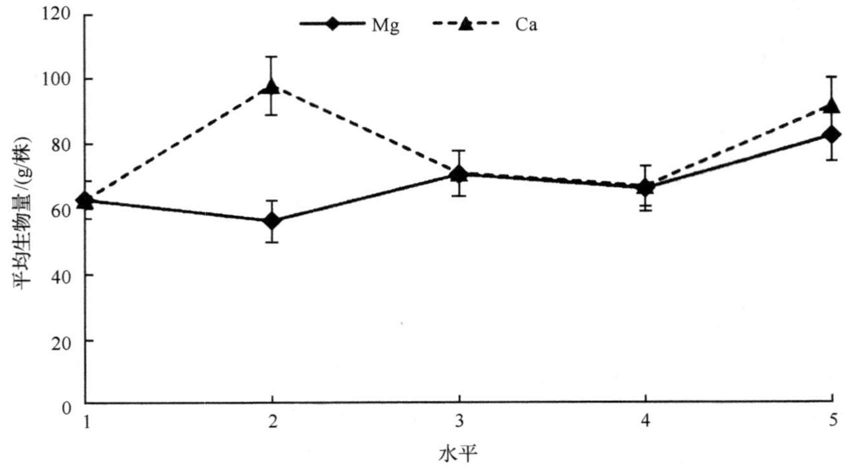

图 7-5　中量营养元素对青蒿平均生物量的影响

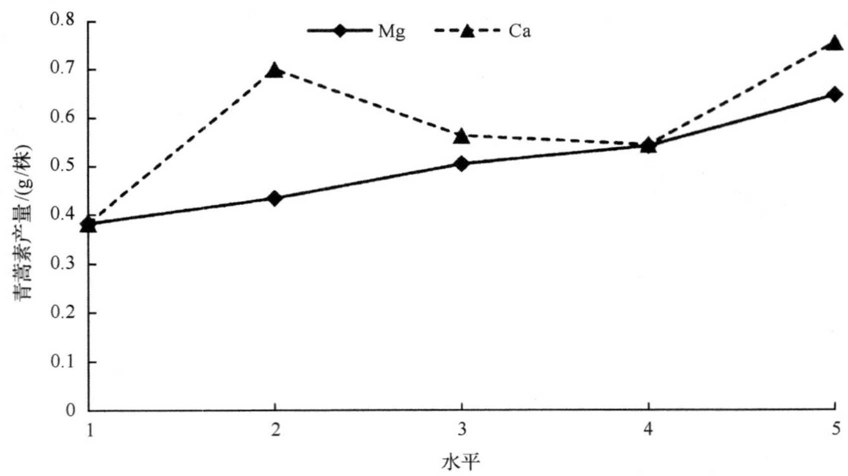

图 7-6　中量营养元素对青蒿素产量的影响

7.2.1.3 微量营养元素对青蒿中青蒿素产量的影响

每小区所需肥料适当稀释，稀释量以每株青蒿 200 mL 为准，叶面喷施。结果表明：按本试验设计的施肥剂量并不是所有处理均能提高青蒿素含量，低水平的 Mo 肥和高水平的 Zn 肥处理的植株青蒿素含量均低于对照。施用 B5 可使青蒿素含量达到最高。但 Mo 肥对青蒿药用生物量的影响不大，产量最大的 Mo3，只比对照增产 17.0%，而 Mo5 肥却使青蒿生物量最低，降低了 7.3%。综合青蒿素含量和青蒿生物量总的影响结果，Mo5 肥对青蒿素产量影响最大，为对照的 1.24 倍（图 7-7～图 7-9）。

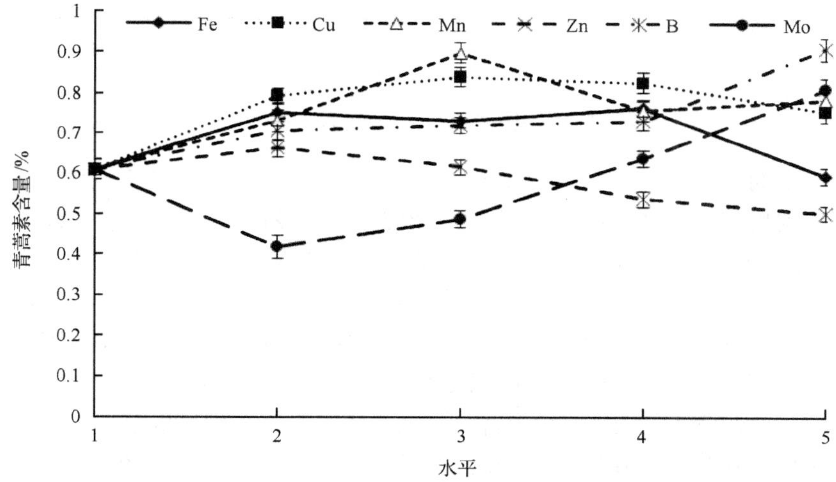

图 7-7 微量营养元素对青蒿素含量的影响

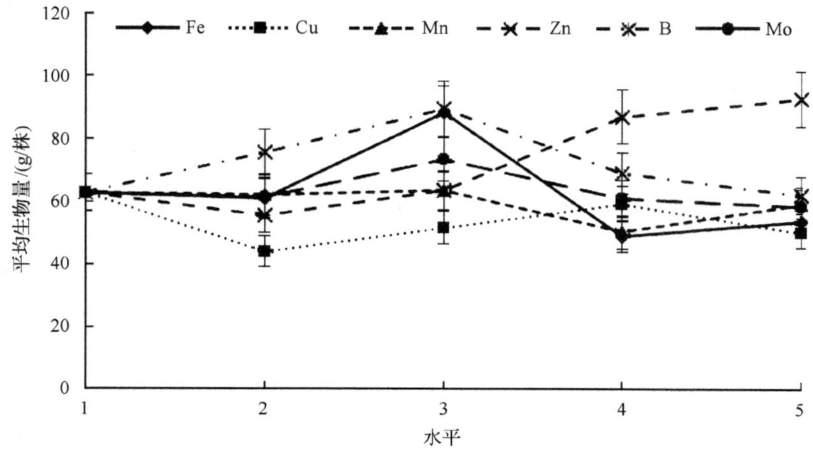

图 7-8 微量营养元素对青蒿平均生物量的影响

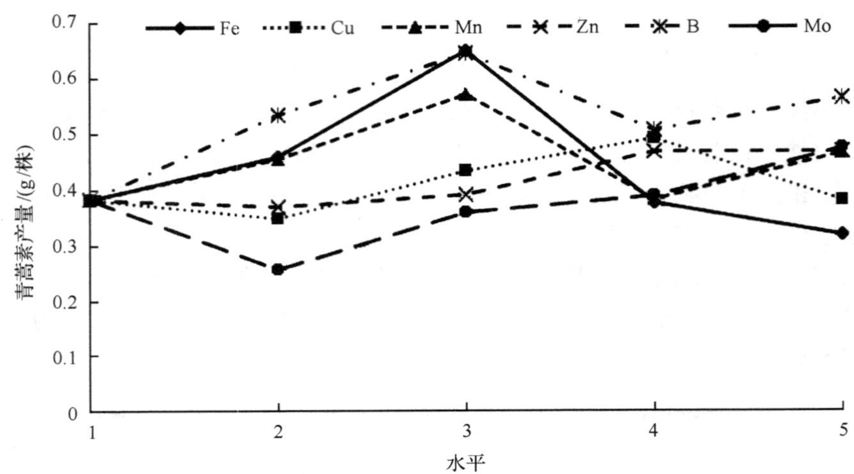

图 7-9 微量营养元素对青蒿素产量的影响

小剂量的 Zn 能提高青蒿素的含量，但提高的幅度不大，Zn2、Zn3 可使青蒿素含量分别提高 8.72%、1.15%，而 Zn4(0.537%)、Zn5(0.503%)却使青蒿素含量略低于对照(0.608%)。随着 Zn 肥用量的增大，青蒿生物量显著提高，这与对青蒿素含量的影响相反。综合青蒿素含量和青蒿生物量总的影响结果，Zn4 和 Zn5 对青蒿素产量影响最大，近似相等，分别为 0.468%和 0.467%，均达对照的 1.22 倍。考虑到经济效益，Zn4 为最佳施肥剂量。

硼肥可不同程度地提高青蒿素含量，这与 Srivastava 和 Sharma[213]的研究结果一致。按本试验设计的 B 肥剂量施肥，随着施肥量的增大，青蒿素含量依次增高，分别为对照的 1.16 倍、1.18 倍、1.20 倍和 1.49 倍。然而，大剂量的 B 肥却会降低青蒿生物量。随着施肥剂量的增大，青蒿生物量分别为对照的 1.20 倍、1.42 倍、1.10 倍和 0.99 倍。因此，使青蒿素产量达最大的处理为 B3，可使青蒿素产量达对照的 1.68 倍。

Fe2、Fe3、Fe4 可使青蒿素含量分别提高 23.5%、20.6%和 25.5%，说明 Fe 肥在此施肥剂量范围内对青蒿素含量的影响较大。但只有 Fe3 处理的青蒿生物量高于对照，达对照的 140.6%。因此 Fe3 为最佳施肥量并且可使青蒿素产量达对照的 1.70 倍。

Cu 肥可不同程度地提高青蒿素含量，Cu3 和 Cu4 对青蒿素含量影响较大，达 0.8%以上，为对照的 1.38 倍和 1.36 倍，比较相近。但 Cu 处理的青蒿生物量均低于对照，其中 Cu4 处理的青蒿生物量最大，为对照的 94.3%，因此 Cu4 对青蒿素产量影响最大，为对照的 1.28 倍。

Mn 肥可显著提高青蒿素含量，最高为 Mn3，可使青蒿素含量达 0.898%。但 Mn 肥对青蒿生物量的影响不大，只有 Mn3 处理的青蒿生物量与对照相近，为 63.5 g/株。

因此 Mn3 可使青蒿素产量达最高，为对照的 1.49 倍。

综上，矿质营养元素因子可不同程度地影响青蒿素产量，其单因素对青蒿素产量影响的大小顺序为：复合肥(NPK)＞K＞Ca＞Fe＞Mg＞B＞P＞Mn＞Cu＞N＞Mo＞Zn＞CK(表 7-5)。最大可使青蒿素产量提高达对照的 2.12 倍。因此，对青蒿素产量影响大的因子通过正交设计试验筛选出适当的配比组合，可提高青蒿素产量。

表 7-5 青蒿素产量达最大时施用的矿质营养

因子	青蒿素产量/(g/株)	施肥量/(kg/hm^2)	因子	青蒿素产量/(g/株)	施肥量/(kg/hm^2)
N3	0.490	160	P4	0.607	480
K4	0.800	480	复合肥(NPK)2	0.811	160;120;120
Mg5	0.647	180	Ca5	0.754	480
Fe3	0.649	20	Cu4	0.491	60
Zn4	0.468	60	B3	0.644	20
Mn3	0.570	20	Mo5	0.473	40
CK(对照)	0.383				

注：施肥量按 1 hm^2 耕层土壤 2.4×10^6 kg 计算[214]

7.2.2 植物激素样物质对青蒿素产量的影响

植物激素是植物正常代谢的产物，是植物体内产生的一些微量而能调节(促进、抑制)自身生理过程的有机化合物，它们在低浓度时，调节植物的生理过程，包括生长素类、赤霉素类、细胞分裂素类、脱落酸、乙烯、油菜素内酯和多胺等七大类。人工合成的植物激素样物质也越来越多，具有多方面的生理作用，正被越来越广泛地应用于农业生产，促进产量和质量的提高[210]。

本节研究了不同种类植物激素样物质对青蒿中青蒿素产量的影响，为青蒿高产栽培施肥技术研究打下了基础。

用不同植物激素样物质处理的青蒿植株由于栽培在大田，不受土壤量的约束，植株生长高度和生物量明显高于盆栽植株。按试验设计的各水平处理后，8 月下旬采样测定，结果表明：赤霉素(GA_3)对青蒿素含量的影响呈剂量依赖性。GA_3-2 和 GA_3-3 对青蒿素含量影响不大，甚至略低于对照；而 GA_3-4 和 GA_3-5 可使青蒿素含量提高，分别为对照的 1.09 倍和 1.17 倍。GA_3 对青蒿生物量的影响较大，GA_3-5 处理的青蒿生物量达对照的 1.93 倍。因此，GA_3-5 可使青蒿素产量提高，达对照的 2.26 倍(图 7-10～图 7-12)。

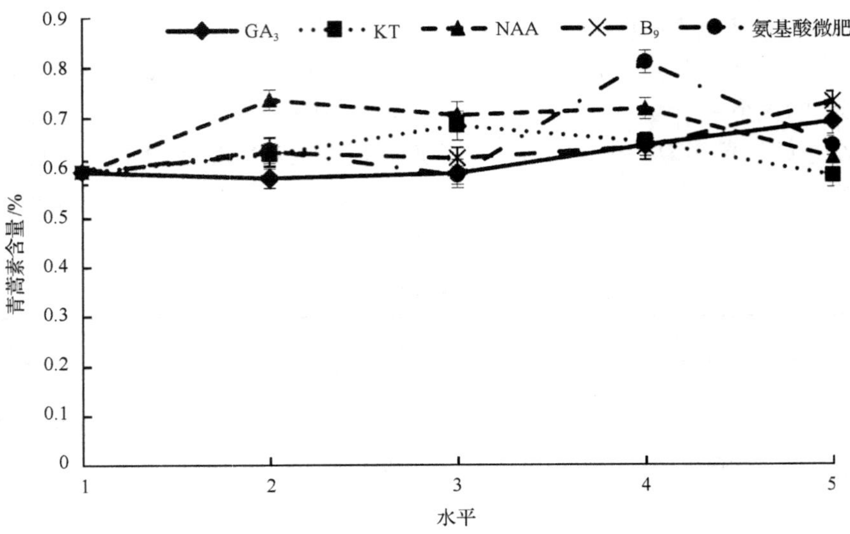

图 7-10　植物激素样物质对青蒿素含量的影响

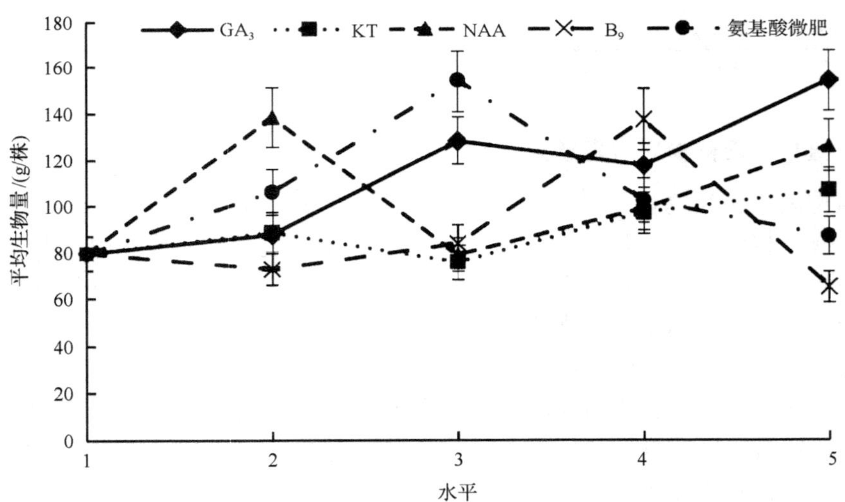

图 7-11　植物激素样物质对青蒿平均生物量的影响

细胞分裂素(KT，化学名称为 6-呋喃甲基嘌呤)亦可不同程度地提高青蒿素含量，随着施肥剂量的增大，含量变化呈由小到大，再到小的趋势。KT5 处理使青蒿素的含量低于对照，为对照的 98.5%。KT4、KT5 对青蒿生物量的影响较大，分别为对照的 1.22 倍和 1.34 倍。但综合其对青蒿素含量和青蒿生物量总的影响结果，KT4、KT5 对青蒿素产量的影响基本一致，分别达到对照的 1.32 倍和 1.34 倍，考虑到施肥成本及经济效益，最佳施用量采用 KT4 的剂量为 20 mg/L。结果表明，

KT 对青蒿素产量的影响低于 GA_3。

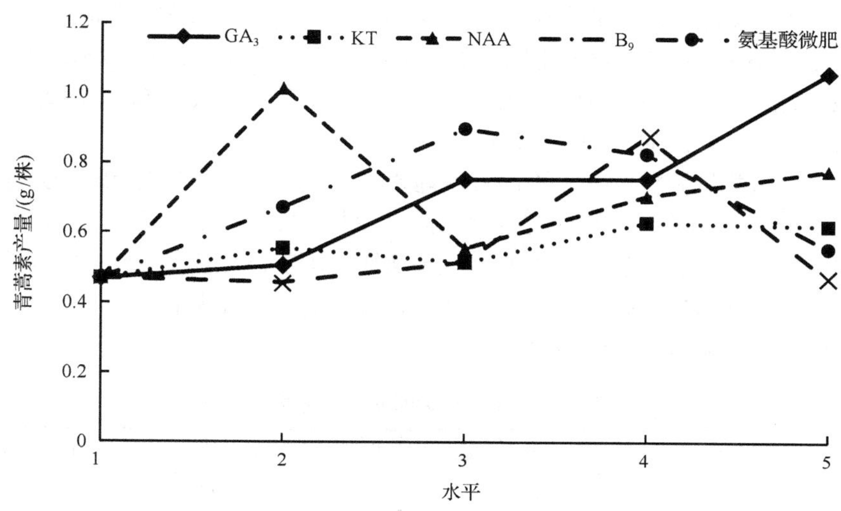

图 7-12　植物激素样物质对青蒿素产量的影响

萘乙酸(NAA)为生长素类植物生长激素，按试验设计的使用剂量，随着使用剂量的加大，青蒿素含量呈下降趋势。NAA2 可使青蒿素含量提高最大，达对照的 1.24 倍。NAA 对青蒿生物量的影响随着使用剂量增大呈由大变小又增大的趋势，其机制有待于进一步研究。NAA2 和 NAA5 可使青蒿生物量分别达对照的 1.74 倍和 1.58 倍。综合对青蒿素含量和青蒿生物量总的影响结果，对青蒿素产量影响最大的为 NAA2 处理，达对照的 2.16 倍，与 GA_3 对青蒿素产量的影响相近。

比久(B_9)为植物生长抑制物质，进入植物体较困难，进入速度也较慢，喷施时使用展着剂(0.1%中性洗衣粉)增加附着力[210]。也许是由于设计施肥剂量偏小，观测结果表明植株生长的高度虽偏低但与对照相比并无极显著差异。低水平的 B_9 对青蒿素含量的影响较大，但 B_9-5 处理可使青蒿素含量显著提高，达对照的 1.23 倍，这与 Liersch 等[215]把两种植物激素丁酰肼(daminozide)和矮壮素喷在筛选的青蒿品种‘811’上，矮壮素喷过的植株中青蒿素含量比对照高 30%的研究结果接近。B_9 对青蒿生物量的影响与对照相比呈由小到大，再到小的趋势。B_9-4 对青蒿生物量的影响最大，达对照的 1.72 倍。综合对青蒿素含量和青蒿生物量总的影响结果，B_9-4 对青蒿素产量的影响最大，为对照的 1.87 倍。

市售的氨基酸微肥(AA)产品很多，本试验采用的是长沙高盛科技发展有限公司生产的高盛牌浓缩螯合型氨基酸微肥。有效成分为 100 g/L，微量元素 20 g/L，抗病毒剂、活性物质、渗透剂适量。氨基酸微肥可不同程度地提高青蒿素含量，4

个施肥剂量分别使青蒿素含量提高、降低、再提高、又降低，这可能与微肥的化学成分有关，且青蒿素含量分别为对照的 1.07 倍、0.99 倍、1.37 倍和 1.09 倍。2～4 水平的氨基酸微肥可使青蒿生物量显著提高，分别达对照的 133.2%、193.3%和 128.4%。综合对青蒿素含量和青蒿生物量总的影响结果，使青蒿素产量提高幅度最大的为 3 水平，达对照的 191.2%。

综上，植物激素样物质可不同程度地影响青蒿素产量，这与 Shukla 等[216]报道外施生长调节物质不仅能促进青蒿长高，而且能提高青蒿素含量的结论一致。其单因素对青蒿素含量影响较大的为氨基酸微肥＞B_9＞NAA；对青蒿生物量影响较大的为氨基酸微肥＞GA_3＞NAA；对青蒿素产量影响较大的为 GA_3＞NAA＞氨基酸微肥＞B_9＞KT。结果见表 7-6。

表 7-6　青蒿素产量达最大时施用的植物激素样物质

因子	青蒿素产量/(g/株)	施肥量/(kg/hm^2)	因子	青蒿素产量/(g/株)	施肥量/(kg/hm^2)
GA_3-5	1.06	20	NAA2	1.016	5
AA3	0.899	450(倍液)	KT4	0.630	20
CK(对照)	0.470		B_9-4	0.877	100

7.2.3　青蒿种子辐射诱变后栽培对青蒿素产量的影响

20 世纪 60 年代以后，核技术应用研究有了较大的发展，辐射诱发突变技术在农作物育种中逐步显示出其独特的作用。辐射产生诱变的主要原因包括两方面：一是辐射后引起遗传物质的突变，如染色体的畸变、DNA 分子的变异；二是 RNA、蛋白质的生物合成受到抑制，生长素及酶等生理活性物质的代谢受到破坏，表现出细胞死亡、细胞突变。用 ^{60}Co-Γ 射线照射植物材料后，辐射产生生理效应表现在叶绿素 a、叶绿素 b、类胡萝卜素、类黄酮含量和超氧化物歧化酶(SOD)、过氧化氢酶(CAT)活性发生改变。紫外线的波长短于可见紫色光，波长范围 136～370 nm，以 250～290 nm 波长范围的紫外线的诱变作用最强，因为这正是遗传物质核酸吸收最多的区域[217]，本研究采用的波长接近这一范围。磁场处理能提高植物可溶性蛋白质和氨基酸含量，改变同工酶谱[218]。本研究通过诱变处理旨在寻找提高青蒿素产量的生产措施。

辐射青蒿种子对青蒿素含量的研究未见报道。辐射剂量只是在摸索中进行。微波和紫外线辐射的剂量是按辐射时间长短制定的，^{60}Co-Γ 射线是参照龙胆种子诱变剂量经调整而定。青蒿种子接受辐射后，其发芽率明显低于正常种子，植株成活率随辐射剂量增加而降低。接受紫外线和微波辐射的青蒿均能完成生命周期，而 7 水平和 8 水平 ^{60}Co-Γ 射线辐射种子的植株，成活率极低，无研究意义。种子接受辐射后的青蒿植株对青蒿素含量提高不大，虽有些处理可使青蒿素含量略有提高，但多数会使其含量降低。结果见图 7-13～图 7-15。紫外线辐射种子的植株，青蒿素含量均有提高，随着辐射时间加长，表现为由高到低的趋势，可比对照提高 25%。收获期青蒿生物量多数较对照低，仅 3 水平紫外线辐射种子的植株生物量接近对照水平。综合对青蒿素含量和青蒿生物量总的影响结果，平均青蒿素产量最大的处理为 3 水平的青蒿，较对照提高 24.1%。

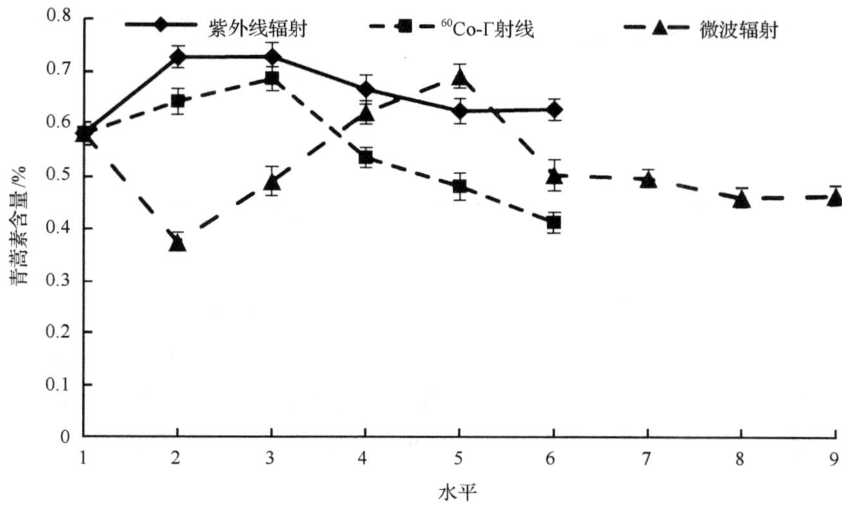

图 7-13 辐射诱变青蒿种子对青蒿素含量的影响

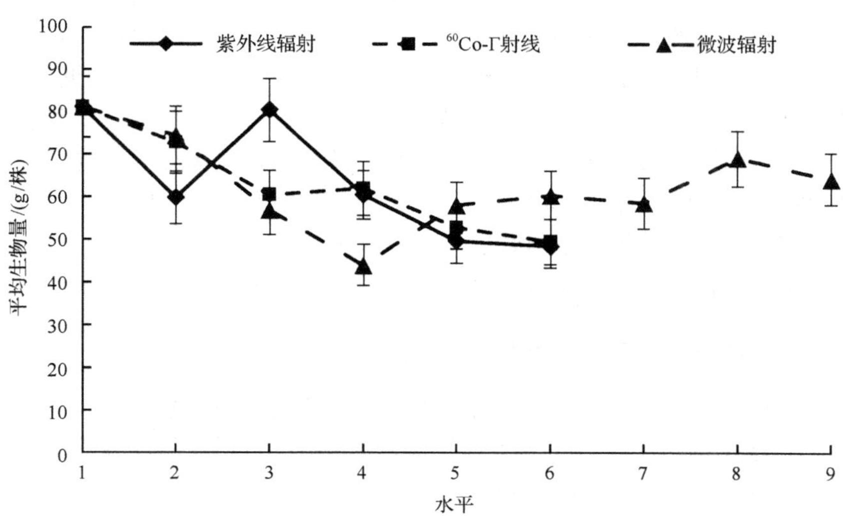

图 7-14 辐射诱变青蒿种子对平均生物量的影响

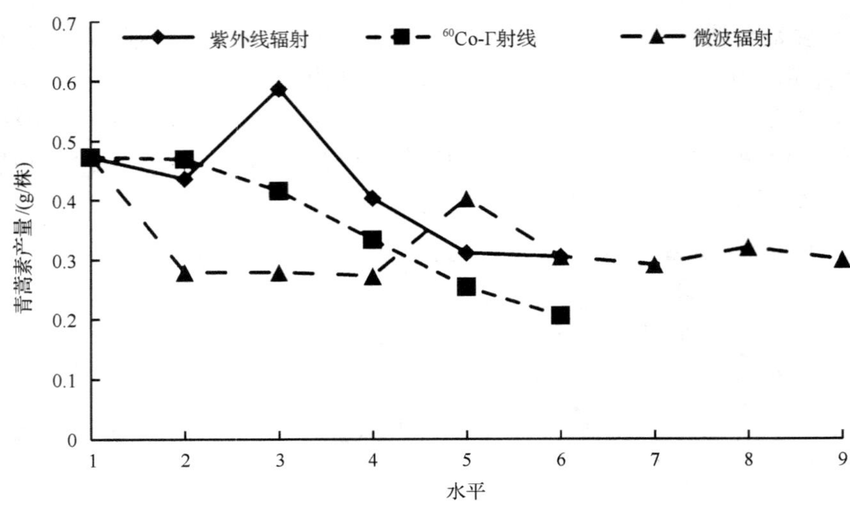

图 7-15　辐射诱变青蒿种子对青蒿素产量的影响

微波辐射种子的植株，青蒿素含量随着辐射时间加长，表现为先低、后高、再低的趋势，最高可使青蒿素含量较对照提高 19%。收获期青蒿生物量均低于对照。平均青蒿素产量最大只达对照的 85.5%。因此微波辐射青蒿种子不能提高青蒿的青蒿素产量。

种子接受 ^{60}Co-Γ 射线辐射的植株，只有小辐射剂量的 2 水平和 3 水平处理的植株高于对照的青蒿素含量，分别为对照的 1.11 倍和 1.18 倍，其他处理植株的青蒿素含量均低于对照。收获期青蒿生物量均低于对照，且产量的大小随辐射剂量的增大而减小。平均青蒿素产量仅接受 2 水平辐射种子的植株达到接近对照水平。因此 ^{60}Co-Γ 射线辐射青蒿种子不能提高青蒿中青蒿素产量。

综上，按本试验设计的辐照强度，只有紫外线辐射青蒿种子后青蒿素产量有所提高，达对照的 1.24 倍，而微波辐射和 ^{60}Co-Γ 射线辐射均不能提高青蒿素产量。因此，按本试验设计的辐射剂量辐射青蒿种子来提高青蒿素产量并不是一个很好的增产措施，其他辐射剂量能否提高青蒿素产量有待于进一步研究。

7.2.4　逆境胁迫条件对青蒿中青蒿素产量的影响

青蒿喜欢湿润的生长环境，但忌水浸。干旱胁迫试验结果表明：过度干旱使青蒿素含量降低，轻度干旱对青蒿素含量的影响不大，适宜的水分可提高青蒿素含量。这与杨海梅等[219]认为青蒿适宜生长在地面上降水聚集或是地表水较浅的地区的结论相符。黑龙江省气候比青蒿主产区干燥，降水量小，风大，这或许是影响青蒿素积累的因素之一。与对照相比，过度干旱会使青蒿素含量降低，但降低幅度不大，1 水平和 2 水平分别为对照的 88.3%和 98.3%，保持盆土湿润可使青蒿素含量较对照提高 8.5%。过度干旱还会影响青蒿生物量，保持盆土湿润可提高青蒿生物量的产量。综合对青蒿素含量和青蒿生物量总的影响结果，过度干旱使青蒿素产量较对照降低 7.1%～22.4%；而保持盆土湿润可使青蒿素产量较对照提高 18.9%(图 7-16～图 7-18)。

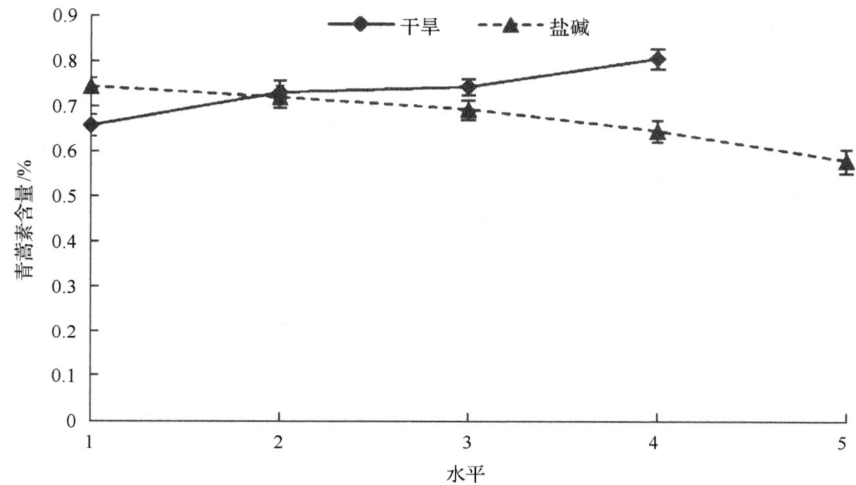

图 7-16 逆境胁迫对青蒿素含量的影响

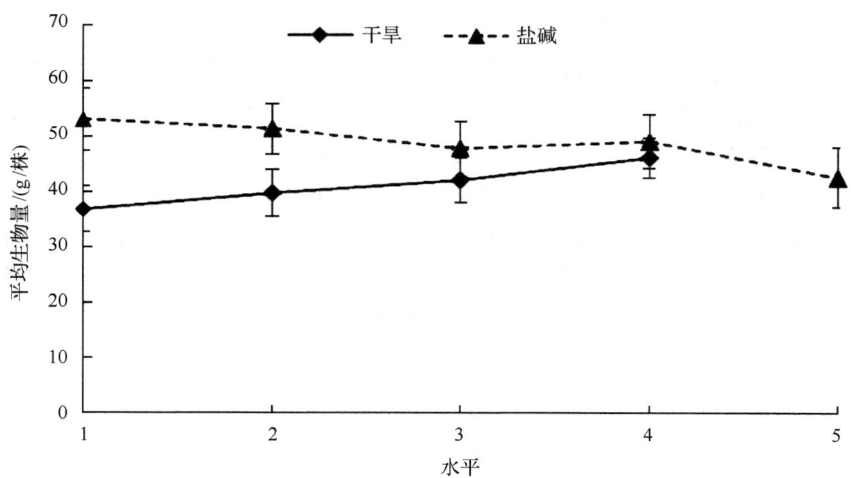

图 7-17 逆境胁迫对平均生物量的影响

盐碱胁迫会导致青蒿素含量降低，低浓度的盐碱对青蒿素含量的影响稍小，随着盐碱度增加，青蒿素含量降低幅度增大，北方土质偏盐碱性，这或许也是生长在北方的青蒿中青蒿素含量低的一个因素。2～4 水平随着土壤盐碱度增大，青蒿生物量较对照只降低 5.1%～10%，5 水平处理的青蒿生物量较对照降低 19.8%，幅度明显增大。说明青蒿对土壤要求不严，适应性很强，但土壤 pH 超出一定范围影响的程度将会增大。综合总的影响因素，本试验设计的盐碱胁迫条件使青蒿素产量降低 19.0%～34.2%(图 7-16～图 7-18)。

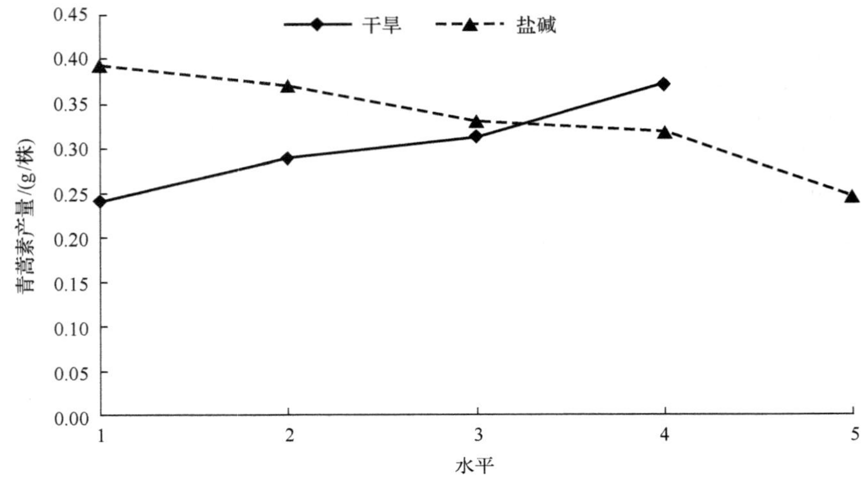

图 7-18　逆境胁迫对青蒿素产量的影响

本试验由于搭建塑料薄膜防雨棚，对照样本的青蒿素含量高于露天植株对照小区青蒿中青蒿素含量。原因可能与防雨棚挡风，提高了环境温度和降低昼夜温差有关。由此推测大棚栽培可提高青蒿生长环境的温度和湿度，有望提高青蒿素产量，但成本提高、通风差、易发生虫害和患白粉病。

综上，过度干旱使青蒿素产量较对照降低；而保持土壤湿润可使青蒿素产量较对照提高。本试验设计的低水平盐碱胁迫条件对青蒿素产量影响幅度较小，但盐碱浓度过高，使青蒿素产量降低幅度增大。说明青蒿对土壤要求不严，适应性很强，但土壤 pH 超过一定范围影响的程度将会增大。

7.2.5　光与温差对青蒿中青蒿素产量的影响

本试验研究不同的日光强度、光周期及昼夜温差对青蒿中青蒿素产量影响，旨在寻找日光与温差对青蒿素产量的影响规律。青蒿喜欢光照充足的环境。Ferreira 等[89]研究表明，青蒿是严格的短日照植物，未成熟的植株对光周期信号很敏感，经过光处理 2 周后就会开花。按文献研究结果，改变光周期可诱导植物提前开花，但本试验没能得出这一结果，原因有待于进一步探讨。本试验青蒿开花时间与对照基本一致，但光照时间长短的改变引起了青蒿素含量的变化，光照时间长、光照强度大则青蒿素含量增高，光周期和光照强度试验对照的青蒿素含量高于其他 2 个处理。用遮光布可使环境温度提高，但青蒿素含量还是降低了，说明光照比温度对青蒿素积累的影响大。光周期处理用遮光布遮挡，使光照时间缩短，通风差，严重地影响了青蒿生物量，使其降低 38.8%～56.2%。因此青蒿素产量随之降低(图 7-19～图 7-21)。

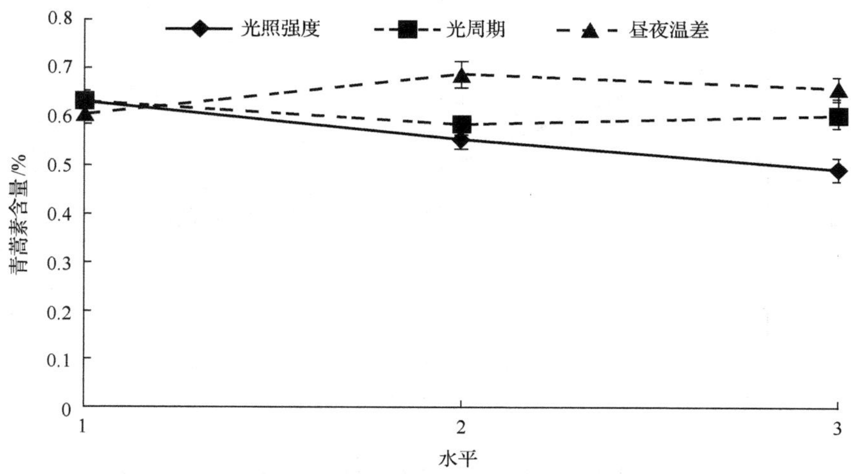

图 7-19 不同光照强度、光周期和昼夜温差对青蒿素含量的影响

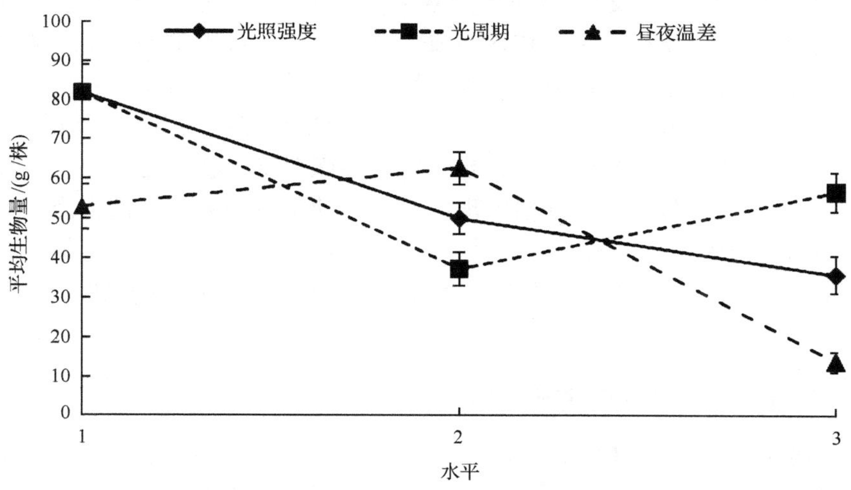

图 7-20 不同光照强度、光周期和昼夜温差对平均生物量的影响

陈福泰和张桂花[203]研究认为高温(30℃)及短距离日照使青蒿素含量成百倍增长。王三根和梁颖[220]研究了日照对青蒿素含量的影响，认为日照对野生或人工栽培的青蒿素含量影响比较大。生长在阴暗、潮湿地方的青蒿，青蒿素含量低。光

照强度试验进一步验证了光照强度对青蒿素含量的影响规律：光强越大，青蒿素含量越高。用遮阴网遮挡同样影响青蒿生物量，使其降低 30.8%～54.6%。因此青蒿素产量随之降低。

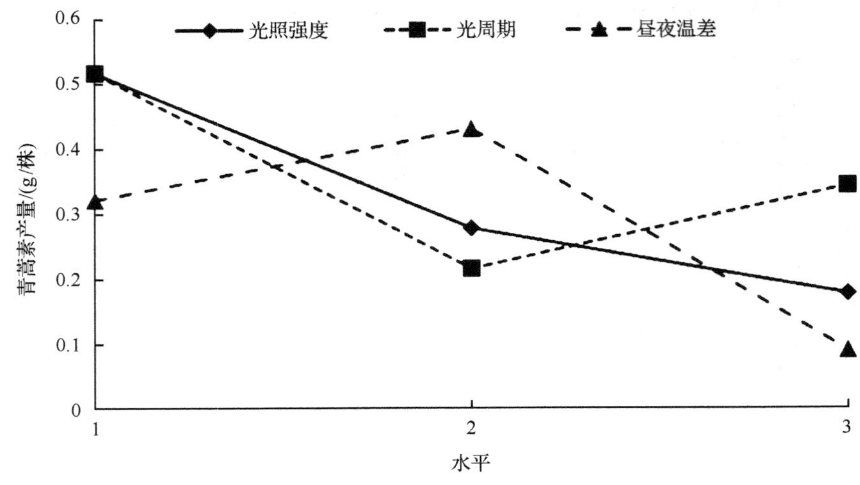

图 7-21 不同光照强度、光周期和昼夜温差对青蒿素产量的影响

昼夜温差试验结果表明：昼夜温差减小，可提高青蒿素含量。但水平 3 的处理结果不理想，本设计是将植物夜间放入室内，白天搬出室外，由于搬出的植物没有与另外两处理一起摆放到露天耕地里，而是摆放在房屋前阳光下，与成群摆放的青蒿植物相比很干旱，光照更强，导致植株特别矮小，青蒿素含量比 2 水平处理低，这与干旱胁迫的结果相一致。用塑料薄膜夜间遮挡，使青蒿素含量提高，青蒿生物量也高于其他处理，综合总的影响结果，青蒿素产量与对照相比，增加 33.9%。

综上，光照强度和环境温度均可提高青蒿素含量，但光照比温度对青蒿素积累的影响大。

7.2.6 不同种植密度对青蒿素含量的影响

青蒿植株以种植密度小长势最强，随种植植株密度加大长势变弱，这与光照和土壤营养面积有关。青蒿属阳性植物，在生长发育过程中需要充足的光照，且种植密度小，其植株吸收土壤的营养范围较大，所以植株生长旺盛。本试验单株生物量大小顺序为：株间距为 70 cm 的植株＞株间距为 40 cm 的植株＞株间距为 20 cm 的植株。种植密度大小对青蒿素含量虽有影响但差异不大(图 7-22)。种植密度大可提高青蒿素产量(主要来源于生物量)，但植株长势弱，不宜留种。

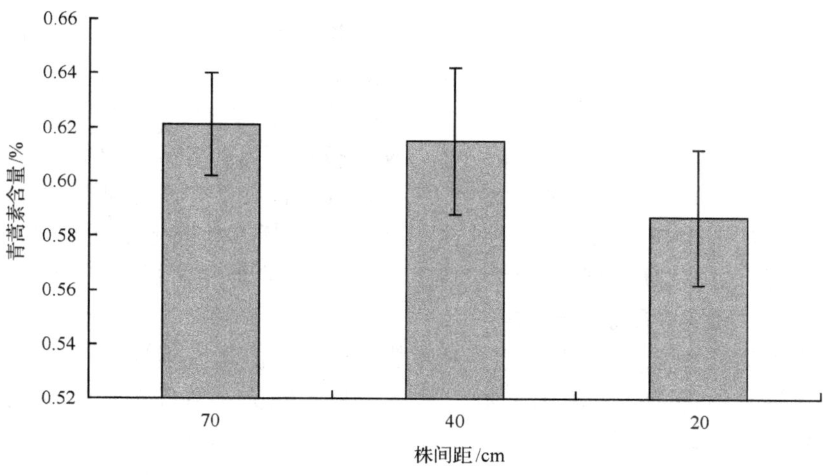

图 7-22 种植密度对青蒿素含量影响

7.2.7 不同时间播种、移栽和收获对青蒿素产量的影响

Woerdenbag 等[74]的研究发现，在青蒿的生长周期中，5 个月生长时间青蒿的生物量和青蒿素含量可以达到最高。Kumar 等[221]的研究认为多次收获可提高青蒿素产量，青蒿生长时间≥30 周，收获 3～4 次可获高产。黑龙江地区引种青蒿提早育苗，早移栽，可延长其生长时间，在气温高的月份积累最高的青蒿素含量并达到最大生物量，从而提高青蒿素产量。表 7-7 的结果表明，同一时间收获，育苗和移栽时间最早的植株青蒿素含量最高，青蒿素产量最大。

表 7-7 播种、移栽及收获时间对青蒿素产量的影响

播种日期(月-日)	移栽日期(月-日)	收获日期(月-日)	QHS 含量/%	生物量/(g/株)	QHS 产量/(g/株)
3-25	4-20	9-1	0.512±0.025	91.9±8.5	0.471
3-25	5-1		0.498±0.020	89.4±7.9	0.445
4-5			0.479±0.019	85.6±8.0	0.410
3-25	5-10		0.492±0.028	80.1±7.2	0.394
4-5			0.468±0.029	76.3±6.7	0.357
4-15			0.472±0.026	62.1±6.4	0.293
4-25	6-10		0.464±0.021	51.3±4.9	0.238

7.3 本 章 小 结

本章研究了绝大多数植物生长必需的矿质营养元素对青蒿药用生物量和青蒿素含量的影响，这些营养元素不同程度地影响栽培青蒿中青蒿素的产量。其中对青蒿素含量影响大的主要有B、K、复合肥(NPK)、P、Mn、Cu、Mg、Ca、Mo等元素；而对青蒿生物量影响大的主要有K、复合肥(NPK)、Mg、Ca、N、Fe、Zn、B等元素。营养元素单因素对青蒿中青蒿素产量影响大小顺序为复合肥(NPK)＞K＞Ca＞Fe＞Mg＞B＞P＞Mn＞Cu＞N＞Mo＞Zn＞CK。最大可使青蒿素含量比对照高49.3%、青蒿药用生物量比对照高55.4%、青蒿素产量比对照高111.8%。其中三大营养元素中P、K的单独施用，不仅对青蒿素含量提高贡献大，而且也是增大青蒿药用生物量的有效措施。但N、P、K配合施用降低了P、K的施用剂量，且比单独施用青蒿素增产大。

不仅矿质营养元素能提高青蒿中青蒿素产量，植物激素样物质也可不同程度地影响青蒿素产量，其单因素对青蒿素产量影响大小顺序为：GA_3＞NAA＞氨基酸微肥＞B_9＞KT。其中对青蒿素含量影响大的是氨基酸微肥、B_9、NAA；而对青蒿药用生物量影响大的为GA_3、氨基酸微肥、NAA、B_9。最大可使青蒿素含量比对照高36.9%、青蒿药用生物量比对照高93.3%、青蒿素产量比对照高125.5%。

黑龙江省气候条件比主产区干燥，降水量小，风大，这或许是影响青蒿素积累的因素之一。本研究进行的干旱和盐碱胁迫试验结果表明：过度干旱使青蒿素产量较对照降低；而保持土壤湿润可使青蒿素产量较对照提高；低水平盐碱胁迫条件对青蒿素产量影响幅度较小，但盐碱浓度过高，青蒿素产量降低幅度增大。说明青蒿对土壤要求不严，适应性很强，但土壤pH超过一定范围影响的程度将会增大。

按本试验设计的辐射强度，只有紫外线辐射青蒿种子后青蒿素产量有所提高，达对照的1.24倍，而微波辐射和^{60}Co-Γ射线辐射均不能提高青蒿素产量。因此，按本试验设计的辐射剂量辐射青蒿种子来提高青蒿素产量并不是一个很好的增产措施，其他辐射剂量能否提高青蒿素产量有待于进一步研究。

人工控制光照强度和环境温度均可影响青蒿素含量，光照时间短于正常日照时间，青蒿素含量降低，昼夜温差小，可使青蒿素含量提高，但光照比温度对青蒿素积累的影响大。

种植密度大小对青蒿素含量虽有影响但幅度不大。种植密度大可提高青蒿素产量(主要来源于生物量的贡献)，但植株长势弱，不宜留种。

黑龙江地区引种青蒿同一时间收获，育苗和移栽时间最早的植株青蒿素产量最高。因此，提早育苗，早移栽，可延长其生长时间，在气温较高的月份积累最高的青蒿素含量并达到最大生物量，从而提高青蒿素产量。

8 青蒿高产施肥技术研究

肥料是重要的农业生产资料，科学合理施用肥料对于增加农作物产量，提高农产品品质，保持农田土壤生态系统良性循环，提高农业生产效益具有重要作用。土壤是重要的自然资源，是植物生长的基地和农业生产的基础，土壤在人类耕种熟化过程中形成的肥力，是在自然肥力基础上，耕种、施肥、改良、灌溉等农业生产管理技术措施的培肥作用所产生的结果。因此，在充分利用土壤资源的同时，必须采取科学的耕作管理措施，因地制宜地改良培肥土壤，使土壤肥力在利用中不断培肥更新，只有这样，作物才能长势健壮、产量高、品质好。综上，在青蒿栽培生产中单因素增产措施研究的基础上，通过正交设计法，筛选栽培青蒿的最佳施肥量，是获得青蒿中青蒿素高产的基础，为在黑龙江省引种青蒿，开展大规模栽培生产提供理论依据。

8.1 材料与方法

8.1.1 试验材料

种源：采用重庆酉阳青蒿 YY-3。

8.1.2 方法

8.1.2.1 栽培方法

栽培方法同 6.1.3.1 节下 2008 年青蒿栽培方法。于 9 月上旬采集所有处理的样品，测定青蒿素含量及称量药用生物量。

8.1.2.2 处理方法

2008 年 7 月 23 日，将每小区植物所需 N、P、K、Ca 等矿质肥料按表 8-1 的剂量分别称好，在每株植物根附近 15～25 cm 处挖穴，置入肥料，Ca 肥深施，培少量土，再施入其他 3 种肥料，培土。以后每天喷施一种叶面肥，共需 4 d 完成。

8.1.2.3 青蒿素提取和含量测定

青蒿素提取和含量测定方法按 4.1.2.2 节的方法进行。

表 8-1　正交设计因素水平表

水平	因素						
	N/(kg/hm^2)	P/(kg/hm^2)	K/(kg/hm^2)	Ca/(kg/hm^2)	GA_3/(mg/L)	NAA/(mg/L)	AA 倍液*
1	0	0	0	0	0	0	0
2	160	240	240	240	40	2.5	675
3	320	480	480	480	80	5	450
4	480	720	720	720	120	7.5	225

*AA 倍液是指氨基酸微肥的使用浓度，1 份 AA 微肥混合多少份水

8.1.2.4　数据分析

利用 Excel 2007 和 SPSS 16.0 统计软件包对数据进行统计分析。

8.2　正交设计法研究青蒿高产施肥技术的结果与分析

8.2.1　田间随机区组设计

(1) $L_{32}(4^7)$ 表内含有 32 个试验，重复 3 次，共需 96 个小区，分为 12 个组，每组安排 8 个试验，每 4 个组为一次重复。组的田间排列次序见表 8-2。

表 8-2　组的田间排列表

小组编号	1	2	3	4	5	6	7	8	9	10	11	12
随机数	476	425	323	138	131	830	751	967	626	177	625	508
随机数序号	6	5	4	2	1	11	10	12	9	3	8	7
田间安排组号	6	5	4	2	1	11	10	12	9	3	8	7

注：在 1 万个随机数字表的第 5 行 05～09 列竖排取

(2) 组中的小区安排：组中的小区安排次序见表 8-3。

表 8-3　组中的小区安排表

小组编号	1								2			
随机数	634	746	109	227	318	473	543	731	141	177	493	647
随机数序号	54	71	9	23	29	42	47	68	12	16	44	57
田间安排小区	54	71	9	23	29	42	47	68	12	16	44	57
小组编号					3							
随机数	035	723	730	196	560	992	852	436	774	881	295	317
随机数序号	3	65	67	21	48	96	83	39	74	88	27	28
田间安排小区	3	65	67	21	48	96	83	39	74	88	27	28

续表

小组编号	4								5			
随机数	427	100	145	041	681	086	664	874	911	000	531	772
随机数序号	37	8	13	4	59	6	58	87	90	1	46	73
田间安排小区	37	8	13	4	59	6	58	87	90	1	46	73
小组编号					6							
随机数	714	794	152	510	855	030	433	745	627	206	407	919
随机数序号	64	76	14	45	84	2	38	70	53	22	36	91
田间安排小区	64	76	14	45	84	2	38	70	53	22	36	91
小组编号	7								8			
随机数	939	383	816	859	187	584	118	701	789	965	688	638
随机数序号	93	33	80	85	19	50	10	63	75	94	61	56
田间安排小区	93	33	80	85	19	50	10	63	75	94	61	56
小组编号					9							
随机数	901	841	396	802	687	938	377	392	848	255	266	067
随机数序号	89	81	35	79	60	92	32	34	82	24	25	5
田间安排小区	89	81	35	79	60	92	32	34	82	24	25	5
小组编号	10								11			
随机数	136	609	976	487	280	727	191	860	162	796	442	635
随机数序号	11	52	95	43	26	66	20	86	15	77	40	55
田间安排小区	11	52	95	43	26	66	20	86	15	77	40	55
小组编号					12							
随机数	448	699	340	733	580	757	186	182	797	362	095	596
随机数序号	41	62	30	69	49	72	18	17	78	31	7	51
田间安排小区	41	62	30	69	49	72	18	17	78	31	7	51

8.2.2 正交设计试验筛选最佳施肥量

由第 5 章研究结果得出对青蒿素产量影响最大的矿质营养因素为 N3、P4、K4、Ca5；植物激素样物质为 GA_3-5、NAA2、AA3，参照目前国内外应用较为广泛的肥料效应田间试验“3414”方案的水平设计方法[209]，分别对正交设计中各因素水平进行设计：4 个水平的含义为 0 水平指不施肥，2 水平指当地最佳施肥量的近似值，1 水平=2 水平×0.5，3 水平=2 水平×1.59（该水平为过量施肥水平），采用 SPSS 16.0 软件设计 $L_{32}(4^7)$ 试验方案表，按此表进行正交设计试验，试验方案及数据统计结果见表 8-4。

正交设计试验结果及其方差分析表明(表 8-4，表 8-5)：7 种肥料联合施用时，对青蒿生物量及其青蒿素含量的影响与单独施用某种肥料差异极大。这或许与栽培地块营养成分、当年的气候和灌溉条件等因素有关。所设计的 32 个试验的青蒿素含量差异极大，最高为 1.0484%，平均含量为 0.7523%，最低为 0.5598%，最低含量比最高的低 46.60%，比平均含量低 25.59%。影响含量变化的主要因素有待于进一步研究总结。N 肥对青蒿素含量和青蒿生物量均有极显著的影响；P 肥对青蒿素含量的影响较大，而对青蒿生物量的影响相对较小；K 肥对青蒿素含量和青蒿生物量的影响均表现为不显著，这或许与该地块土壤中 K 肥含量高有关；Ca 肥对青蒿药用生物量有显著影响，但对青蒿素含量的影响不大；赤霉素对青蒿药用生物量及其青蒿素含量的影响均不显著；萘乙酸和氨基酸微肥对青蒿素含量均有较大的影响，但对青蒿药用生物量的产量贡献都不大。对含量影响的主次因素顺序为 N＞AA＞NAA＞P＞Ca＞K＞GA_3；对生物量影响的主次因素顺序为 N＞Ca＞AA＞GA_3＞K＞P＞NAA。综合所有肥料对青蒿素含量总的影响，青蒿的最佳施肥量为 N4P4K4Ca2GA_3-2NAA3AA4。众所周知，施肥种类越多，对青蒿药用生物量及其青蒿素含量的影响越复杂，但也可能会出现令人惊喜的结果。本试验设计的 32 个处理的测定结果表明，在多种肥料的影响下，青蒿药用生物量和青蒿素含量均有很大的变化，其中青蒿药用生物量最大为 1.432 kg/20 株，最小为 0.983 kg/20 株，变化幅度为 45.67%，平均为 1.224 kg/20 株；青蒿素含量最大为 1.0484%，最小为 0.5598%，变化幅度为 87.28%，平均为 0.7523%。按 3420.5 株/亩(株行距：0.3 m×0.65 m)计算，平均药用生物量产量为 209.33 kg/亩，3140.02 kg/hm^2。按青蒿素含量为 0.7523%计，青蒿素产量为 23.622 kg/hm^2。综上，青蒿最佳施肥措施为：N4P4K4Ca2GA_3-2NAA3AA4，即 N 肥 480 kg/hm^2，P 肥 720 kg/hm^2，K 肥 720 kg/hm^2，Ca 肥 240 kg/hm^2，赤霉素喷施浓度为 40 mg/L，萘乙酸喷施浓度为 5 mg/L，氨基酸微肥喷施浓度为 225 倍液，叶面喷施肥用水量为 600～650 L/hm^2。

表 8-4　试验方案及结果分析

试验号	A	B	C	D	E	F	G	X_1/‰	X_2/(kg/20 株)
1	1	1	1	1	1	1	1	9.265	1.155
2	1	1	3	2	3	3	3	8.119	1.063
3	1	2	1	4	2	3	4	9.596	1.192
4	1	2	3	3	4	1	2	7.616	1.217
5	1	3	2	1	4	2	1	8.793	0.983
6	1	3	4	2	2	4	3	8.426	1.132
7	1	4	2	4	3	4	4	8.570	1.102
8	1	4	4	3	1	2	2	5.898	1.137
9	2	1	2	2	1	2	4	6.700	1.272

续表

试验号	A	B	C	D	E	F	G	X_1/‰	X_2/(kg/20 株)
10	2	1	4	1	3	4	2	7.003	1.193
11	2	2	2	3	2	4	1	6.731	1.320
12	2	2	4	4	4	2	3	6.731	1.117
13	2	3	1	2	4	1	4	6.512	1.313
14	2	3	3	1	2	3	2	6.960	1.145
15	2	4	1	3	3	3	1	8.791	1.183
16	2	4	3	4	1	1	3	7.443	1.235
17	3	1	2	3	4	3	3	5.598	1.282
18	3	1	4	4	2	1	1	7.612	1.395
19	3	2	2	2	3	1	2	6.695	1.182
20	3	2	4	1	1	3	4	6.274	1.233
21	3	3	1	3	1	4	3	6.994	1.125
22	3	3	3	4	3	2	1	6.000	1.348
23	3	4	1	2	2	2	2	7.295	1.432
24	3	4	3	1	4	4	4	7.302	1.195
25	4	1	1	4	4	4	2	7.030	1.352
26	4	1	3	3	2	2	4	6.460	1.217
27	4	2	1	1	3	2	3	6.822	1.320
28	4	2	3	2	1	4	1	7.745	1.320
29	4	3	2	4	1	3	2	7.933	1.312
30	4	3	4	3	3	1	4	8.592	1.242
31	4	4	2	1	2	1	3	8.729	1.213
32	4	4	4	2	4	3	1	10.484	1.227
M_1	66.283	57.787	62.305	61.148	58.252	62.464	65.421	平均含量 7.523	
M_2	56.871	58.210	59.749	61.976	61.809	54.699	56.430	平均生物量 1.224	
M_3	53.770	60.210	57.645	56.680	60.592	63.755	58.862		
M_4	63.795	64.512	61.020	60.915	60.066	59.801	60.006		
M'_1	4393.44	3339.34	3881.91	3739.08	3393.30	3901.75	4279.91		
M'_2	3234.31	3388.40	3569.94	3841.03	3820.35	2991.98	3184.35		
M'_3	2891.21	3625.24	3322.95	3212.62	3671.39	4064.70	3464.74		
M'_4	4069.80	4161.80	3723.44	3710.64	3607.92	3576.16	3600.72		
M_5	8.981	9.929	10.072	9.437	9.789	9.952	9.931		
M_6	9.778	9.901	9.666	9.941	10.046	9.826	9.970		
M_7	10.192	9.600	9.740	9.723	9.633	9.637	9.487		
M_8	10.203	9.724	9.676	10.053	9.686	9.739	9.766		
M'_5	80.658	98.585	101.445	89.057	95.825	99.042	98.625		

续表

试验号	A	B	C	D	E	F	G	X_1/‰	X_2/(kg/20 株)
M'_6	95.609	98.030	93.432	98.824	100.922	96.550	99.401		
M'_7	103.877	92.160	94.868	94.537	92.795	92.872	90.003		
M'_8	104.101	94.556	93.625	101.063	93.818	94.848	95.375		
R_1	1502.22	773.39	558.97	628.40	427.06	1072.72	1095.56		
R_2	23.443	6.425	8.014	12.006	8.127	6.171	9.398		
最优水平	A_1,A_4	B_4	C_1,C_4	D_2	E_2	F_1,F_3	G_1,G_4		
	A_4	B_1B_2	C_1	D_2,D_4	E_2	F_1	G_1,G_2		
主次因素	A,G,F,B,D,C,E(含量)；A,D,G,E,C,B,F(生物量)								
最优组合	N4P4K4Ca2GA$_3$-2NAA3AA4								

注：X_1 为检测的青蒿素含量(‰)；X_2 为现蕾期青蒿药用生物量(kg/20 株)；A、B、C、D、E、F 和 G 代表正交设计 $L_{32}(4^7)$ 中的 7 个因素；M_i(i=1～8；1～4 为青蒿素含量检测结果；5～8 为青蒿药用生物量测量结果)：表示任一列上水平号为 i 时，所对应的是实验结果之和；M'_i为 M_i 的平方(i=1～8；1～4 为青蒿素含量检测结果；5～8 为青蒿药用生物量测量结果)。R(极差，R_1 代表青蒿素含量；R_2 代表青蒿药用生物量)：在任一列上，$R=\max\{M'_1,M'_2\cdots,M'_i\}-\min\{M'_1,M'_2\cdots,M'_i\}$

表 8-5 青蒿施肥量方差分析表

数据源	平方和	自由度	均方	F 值	显著性检验
N	12.794	3	4.265	4.776	0.026
P	3.547	3	1.182	1.324	0.321
K	1.479	3	0.493	0.552	0.658
Ca	2.119	3	0.706	0.791	0.526
GA_3	0.819	3	0.273	0.306	0.821
NAA	6.023	3	2.008	2.248	0.145
氨基酸微肥	5.412	3	1.804	2.020	0.175
误差	8.929	10	0.893		
总和	1851.923	32			
校正总和	41.122	31			

8.3 本 章 小 结

矿质营养元素和植物激素样物质能显著提高青蒿中青蒿素的产量，复合 N、P、K 和 Ca 肥、植物激素样物质氨基酸微肥、GA_3、NAA 分别位居影响青蒿素产量大小顺序的前列，选择这 7 个因素于 2008 年采用正交设计法筛选提高青蒿素产量的施肥措施。结果表明最佳施肥量为：N 肥 480 kg/hm^2，P 肥 720 kg/hm^2，K 肥 720 kg/hm^2，Ca 肥 240 kg/hm^2，赤霉素喷施浓度为 40 mg/L，萘乙酸喷施浓度为 5 mg/L，氨基酸微肥喷施浓度为 225 倍液，叶面喷施肥用水量为 600～650 L/hm^2。试验组青蒿素含量最高可达到 1.0484%，最低为 0.5598%。

9　棘孢木霉对青蒿叶片光合特性和产量的影响

木霉菌(*Trichoderma*)是国际上应用非常普遍的生防真菌，能定植在植物根际，具有增产、防治病害和改良土壤的作用[161-166]。木霉菌能通过提高植株的光合作用及增加土壤养分溶解促进植物生长，提高其产量。同时，发育健壮的植物抗病能力提升。植物的生长是通过光合作用固定有机物积累干物质来实现的，所以提高植物的光合作用有助于其生物量的积累。研究发现棘孢木霉 ACCC30536 能显著改善山新杨的光合特性[170,173,174]。因此，采用棘孢木霉 ACCC30536 分生孢子根施青蒿，分析木霉菌对青蒿叶的光合特性和产量的影响，可为木霉免疫诱导剂类生物肥料在促进青蒿生长、提高其叶产量的应用提供理论依据。

9.1　材料与方法

9.1.1　供试材料

供试植物材料为青蒿。采用重庆酉阳的青蒿种子，2014 年 3 月下旬在温室采用育苗纸筒进行育苗。

供试棘孢木霉 ACCC30536(*Trichoderma asperellum* ACCC30536)菌株，购于中国农业微生物菌种保藏中心(该菌株在中国农业微生物菌种保藏中心编号为 ACCC30536，荷兰菌种保藏中心编号为 CBS433.97)。

9.1.2　试验方法

采用马铃薯葡萄糖琼脂培养基(PDA)，将活化的棘孢木霉分生孢子在无菌条件下接种，在 28℃条件下培养 6 d 获得大量分生孢子(见附录标题 6 的内容，附图 6-1)。将分生孢子溶于自来水中配制成悬浮液，显微镜下以细胞计数板计数，用自来水梯度稀释配制成 T1(1×10^5 cfu/mL)、T2(1×10^6 cfu/mL)和 T3(1×10^7 cfu/mL)的溶液备用。

2014 年 5 月 10 日将青蒿幼苗(苗高 10～15 cm)移栽至哈尔滨市郊区(45°44′N 和 126°36′E)大田中生长。株距 0.3 m，行距 0.6 m。小区面积 18 m^2(6 m×3 m)。7 月 10 日进行青蒿根施棘孢木霉分生孢子处理。处理组为 T1、T2 和 T3，每株青蒿分别根施 200 mL 当天配制好的棘孢木霉分生孢子悬浮液，以施用等体积自来水的青蒿为对照组。3 次重复。试验期间管理措施相同，保持土壤水分充足，定期除草、松土。

9.1.3 测定项目与方法

9.1.3.1 光合作用日变化的测定

8 月中旬，选择晴朗无风的天气，各试验组中选 3 株长势一致的青蒿，在其近顶端选取 3 片健壮的成熟叶片测定净光合速率(Pn)、蒸腾速率(Tr)、气孔导度(Cond)和胞间 CO_2 浓度(Ci)的日变化。测定仪器为便携式光合作用分析仪(Li-6400XT，美国 LI-COR 公司)，采用开放式气路系统，CO_2 浓度约为 350 μL/L，自然光照射，8:30～16:30 每隔 2 h 测定 1 次。

9.1.3.2 光响应曲线的测定和参数分析

8 月中旬选择 3 个晴天，在 9:00～12:00，随机选取各试验组的青蒿近顶部无病虫害、朝向一致的健壮成熟叶片，用内置 6400-02 LED 红蓝光源和 6400-01 CO_2 注入系统的 Li-6400XT 便携式光合测量系统，进行连体叶片光合速率测量。光合有效辐射设定的梯度为：2000 μmol/(m^2·s)、1800 μmol/(m^2·s)、1500 μmol/(m^2·s)、1200 μmol/(m^2·s)、1000 μmol/(m^2·s)、800 μmol/(m^2·s)、600 μmol/(m^2·s)、400 μmol/(m^2·s)、200 μmol/(m^2·s)、100 μmol/(m^2·s)、50 μmol/(m^2·s)、20 μmol/(m^2·s)和 0，CO_2 浓度为 350 μL/L，叶面温度由 Li-6400 温度控制器控制在(30±1)℃。采用非直角双曲线模型按照式(9-1)利用 SPSS 统计软件对测定数据结果进行拟合，从而计算最大净光合速率(Pn)、表观量子效率(AQY)和暗呼吸速率(Rd)等光合-光响应曲线参数。光饱和点(LSP)和光补偿点(LCP)的计算方法是将 0～200 μmol/(m^2·s)低光强下的光响应曲线进行线性回归分析。直线与 X 轴(PAR)的交点就是 LCP；该直线与 $Y=\mathrm{Pn}_{\max}$ 直线相交，交点所对应 X 轴的数值即为 LSP。

$$\mathrm{Pn}=\frac{EQ+\mathrm{Pn}_{\max}-\sqrt{\left(EQ+\mathrm{Pn}_{\max}\right)^{2}-4kEQ\mathrm{Pn}_{\max}}}{2k}-\mathrm{Rd} \tag{9-1}$$

式中，Pn 为净光合速率，E 为光照强度(PAR)，$\mathrm{Pn}_{\max}$ 为最大净光合速率，Q 为表观量子效率(AQY)，k 为曲角，Rd 为暗呼吸速率。

9.1.3.3 青蒿叶产量的测定

木霉诱导 60 d 后，测量青蒿叶的产量。将各试验组青蒿的叶片从其枝条上分离称量鲜重；称重后，将叶片按照文献[222]的方法烘干，再分别称量干重。

9.1.4 数据分析

利用 Excel 2007 软件包处理数据和绘制图表。用 SPSS 18.0 和 Minitab 16.0 软件包进行统计分析及在 P=0.05 下比较差异显著性。

9.2　结果与分析

9.2.1　青蒿的光合生理因子的日变化

9.2.1.1　净光合速率(Pn)

图 9-1A 表明，3 个水平木霉菌诱导后青蒿与 CK 的净光合速率变化趋势基本一致，均呈“双峰型”曲线，峰值分别出现在 10:30 和 14:30，说明青蒿存在午休现象，并且 Pn 在 14:30 的峰值基本上大于 10:30 的峰值。T3 处理的光合速率在 8:30～16:30 明显高于其他处理和 CK，且在 12:30 时，T3＞T2＞T1＞CK，说明根施木霉菌既能提高青蒿的光合作用又能缓解光合午休现象(图 9-1A)，提升了青蒿苗对光的生态适应能力。并且木霉菌处理提高青蒿光合能力与其施用的木霉分生孢子的剂量有关，最佳施用剂量为 1×10^7 cfu/mL(200 mL/株)。

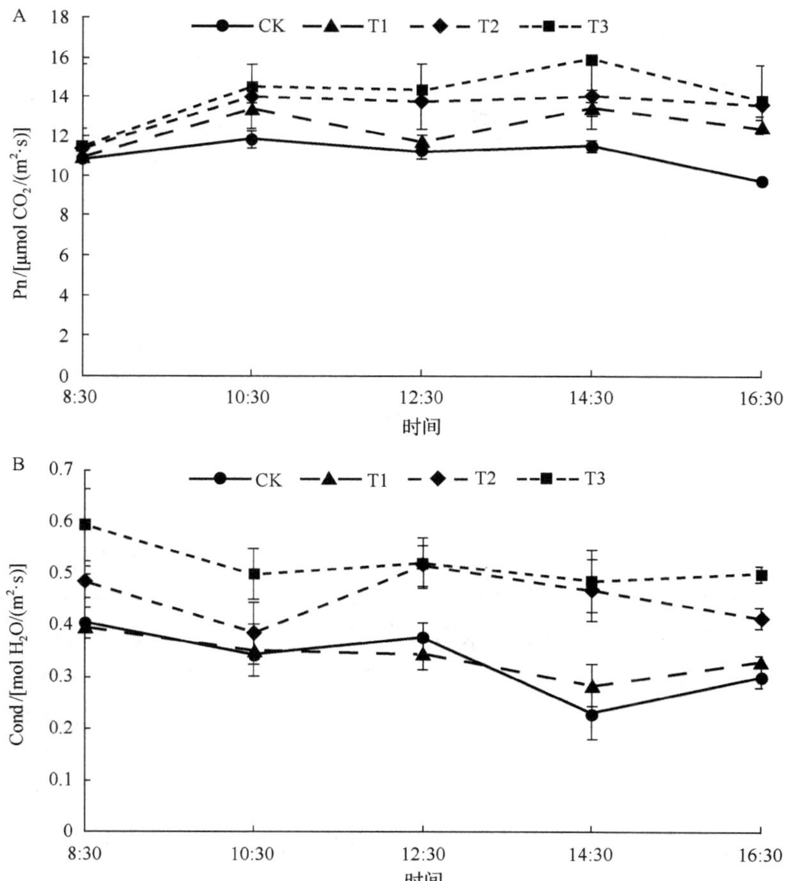

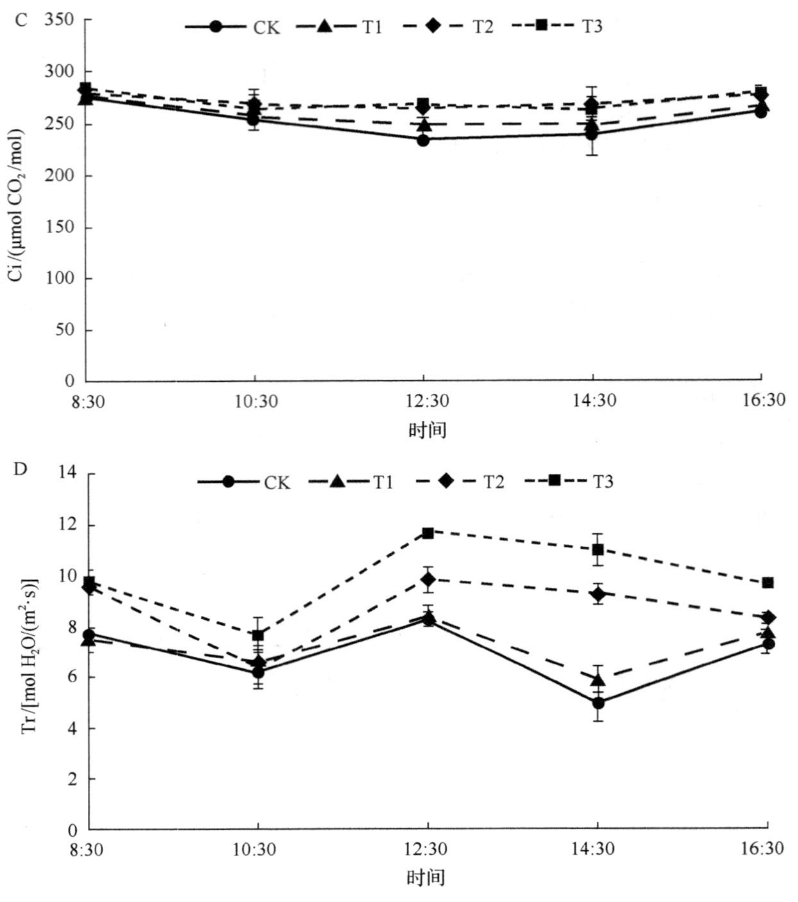

图 9-1　光合生理因子的日变化

A. 净光合速率；B. 气孔导度；C. 胞间 CO_2 浓度；D. 蒸腾速率

9.2.1.2　气孔导度(Cond)

从图 9-1B 看出，3 个水平木霉菌诱导后青蒿与 CK 的气孔导度日变化规律基本一致，并且在不同程度上增强了青蒿的气孔导度。其中 T3 和 T2 处理对青蒿气孔导度的影响较大。这说明，木霉菌对青蒿气孔导度的影响也与施用的木霉剂量相关。在 12:30 时由于气温升高，蒸腾速率增大，木霉处理组的气孔导度增量较其他时间点减小。因为植物是通过改变气孔数目和开闭程度来调节叶片的蒸腾速率和水势，并且光合作用和干物质积累所需要的 CO_2 也是通过气孔而获得，所以气孔在调控水分丢失和光合作用之间总是处于一种折中状态。说明根施适量的木霉菌能够使青蒿提高自身与环境对水分和 CO_2 的交换能力，有利于青蒿调整水分以适应环境温度和摄入 CO_2，提高其对干物质的积累。

9.2.1.3　胞间 CO_2 浓度(Ci)

图 9-1C 表明，3 个水平木霉菌诱导后青蒿和 CK 的胞间 CO_2 浓度日变化规律基本一致。检测初期的胞间 CO_2 浓度较高，之后一直下降，到 12:30 降到最低点，之后一直升高。木霉菌处理组青蒿的 Ci 均比 CK 高，并且 T3 和 T2 水平的木霉诱导效果相近，在 10:30～14:30 时 Ci 变化不大。说明木霉菌能够提高胞间 CO_2 浓度，有利于青蒿光合作用的进行，增加干物质的积累，从而提高叶的产量。

9.2.1.4　蒸腾速率(Tr)

图 9-1D 表明，T3 和 T2 水平木霉菌诱导的青蒿 Tr 日变化规律一致，而 T1 和 CK 的 Tr 日变化规律相近。说明施用的木霉孢子水平不同对青蒿的诱导作用不同。在适量的木霉菌诱导下可提高青蒿对水分的蒸发能力，有利于其适应 8 月的高温天气。并且 T3 和 T2 处理组青蒿 Tr 变化幅度在 14:30 比在 10:30 变化大，这可能与 14:30 比 10:30 时环境温度高有关。在 12:30 时各处理和 CK 的 Tr 均达到峰值，并且 T3 处理的青蒿的蒸腾作用最强。

9.2.2　青蒿的光响应曲线参数

根据图 9-2、图 9-3 和表 9-1 可知如下内容。

(1) 木霉菌可以提高青蒿叶片最大净光合速率，并且青蒿叶片最大净光合速率的提高与施用的木霉分生孢子量的大小正相关，即最大净光合速率 T3＞T2＞T1＞CK，差异显著($P<0.05$)。最大净光合速率较高有利于干物质的积累，能为提高植物产量奠定良好的生理基础。获得的低光合有效辐射条件下的线性回归方程及相关系数平方 R^2 分别为：$Y_{CK} = 0.0345x–1.7924$，$R_{CK}^2 = 0.979$；$Y_{T1} =0.0362x–1.8775$，$R_{T1}^2 = 0.9767$；$Y_{T2} = 0.0401x–2.6027$，$R_{T2}^2 = 0.9875$；$Y_{T3} = 0.0417x–2.6848$；$R_{T3}^2 = 0.9832$。

(2) 表观量子效率(AQY)是光合作用中光能转化效率的指标之一，是净光合速率与相应光量子通量密度的比值。T1 和 T2 水平木霉菌诱导后青蒿叶片的 AQY 值差异不大，但 T3 处理显著高于其他试验组，为 0.055 μmol/mol。说明适量的木霉分生孢子诱导可以提高青蒿对光能的转化效率。

(3) 暗呼吸速率(Rd)反映植物在黑暗条件下的呼吸速率。采用不同水平木霉分生孢子处理的青蒿，其叶片的暗呼吸速率随着施用木霉分生孢子水平的增加而增大。然而，暗呼吸速率小才有利于植物在低 Pn 条件下保持碳平衡。

(4) 光饱和点(LSP)是植物利用强光能力大小的指标。T2 和 T3 的光饱和点分别是 CK 的 1.07 倍和 1.05 倍，均显著大于 CK 和 T1($P<0.05$)。说明，采用 T2、T3 水平的木霉分生孢子诱导青蒿提高了植物对光的生态适应能力。

(5) 光补偿点(LCP)是植物利用弱光能力大小的重要指标，该值越小表明利用弱光的能力越强。具有高 LSP 与低 LCP 的植物，对光的生态适应能力强，受到强光刺激时不易发生抑制。虽然本试验中青蒿的 LCP 值表现出与 Rd 值一致的变化规律，但施用不同水平木霉菌诱导后，T2 和 T3 组青蒿 LSP 与 LCP 的差值相近，分别为 1368.09 和 1346.62；T1 和 CK 组青蒿 LSP 与 LCP 的差值相近，分别为 1267.13 和 1286.05。说明，T2 和 T3 木霉分生孢子诱导青蒿能显著提高青蒿对光的生态适应能力。

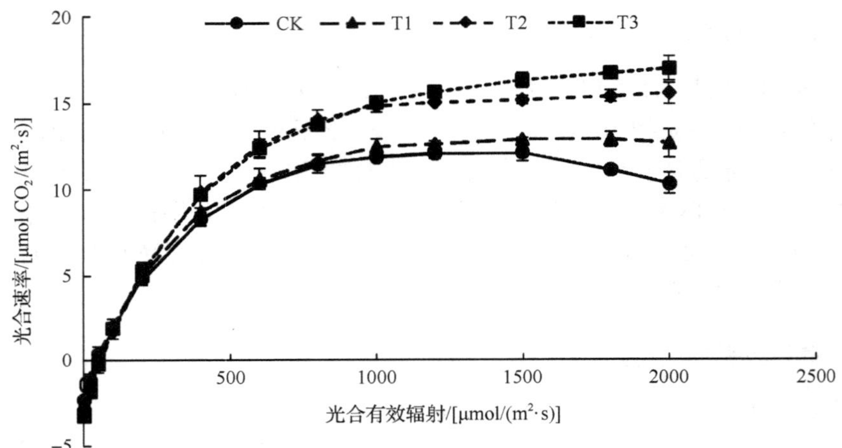

图 9-2 青蒿叶片的光合速率的光响应

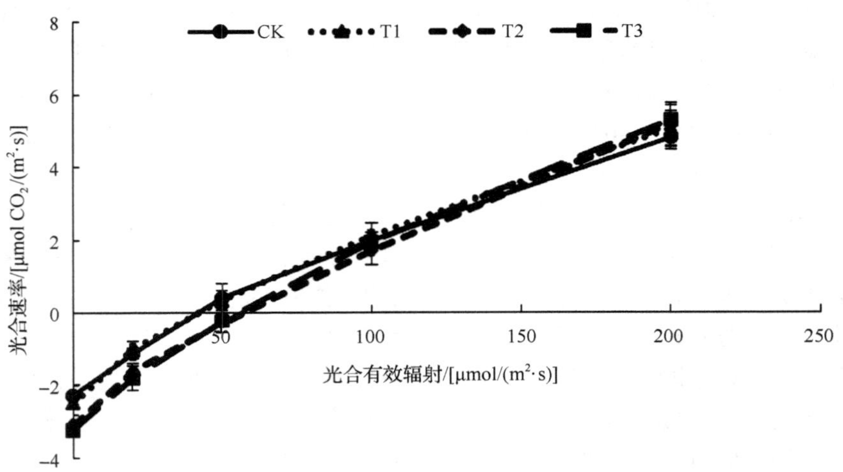

图 9-3 低光强下青蒿的 Pn-PAR 拟合直线[PAR＜200/μmol(m^2·s)]

表 9-1 青蒿叶片的光合光响应曲线模拟参数

处理	最大净光合速率 /[μmol CO_2/(m^2·s)]	光饱和点 /[μmol/(m^2·s)]	光补偿点 /[μmol/(m^2·s)]	表观初始量子效率 /(μmol/mol)	暗呼吸速率 /[μmol/(m^2·s)]
CK	14.226±0.30d	1338±28b	51.95±0.94b	0.039±0.0015b	2.066±0.012c
T1	15.770±0.25c	1319±31b	51.87±0.80b	0.043±0.0015b	2.061±0.011c
T2	18.871±0.39b	1433±25a	64.91±0.79a	0.043±0.0023b	2.665±0.015b
T3	21.904±0.48a	1411±26a	64.38±0.89a	0.055±0.0021a	3.005±0.023a

注：每列中不同字母表示在 P<0.05 水平上显著差异

9.2.3 青蒿叶的产量

试验结果表明，不同浓度的棘孢木霉分生孢子诱导青蒿 60 d 后，T1、T2、T3 和对照叶片的干重分别为(68.34±8.25)g/株、(73.96±8.52)g/株、(83.56±9.81)g/株和(66.38±8.92)g/株，说明，随着木霉分生孢子浓度的增加，青蒿生物量产量也呈上升趋势。T3 和 T2 处理单株青蒿叶的平均干重与 CK 和 T1 相比存在显著差异(P<0.05)，分别是 CK 的 1.26 倍和 1.11 倍。这表明施用适量棘孢木霉分生孢子具有促进青蒿生长的作用。

9.3 本 章 小 结

本试验结果表明，施用 3 个水平木霉菌的青蒿最大净光合速率明显高于对照，并且对青蒿光合作用的影响与施入木霉菌的剂量相关。T3 处理的最大净光合速率、光饱和点和表观初始量子效率均有显著提高，并且 T3 和 T2 的 LSP 与 LCP 的差值显著大于 T1 和 CK 组，改善了青蒿对光的生态适应能力，说明根施木霉菌后的青蒿提高了对光能的利用，有利于其产量的增加；并且发现施用浓度为 1×10^7 cfu/mL(200 mL/株)的棘孢木霉分生孢子能获得最高的青蒿叶产量。

10 棘孢木霉提高青蒿素产量及改良栽培土壤作用

随着对青蒿功能基因组研究的广泛与深入，青蒿素生物合成途径已经研究得较为清晰。青蒿素为倍半萜内酯化合物，萜类通用 C5 前体 IPP 及 DMAPP 均来源于定位于质体的 2-C-甲基-D-赤藓醇-4-磷酸途径和经典的定位于胞质的甲羟戊酸途径[103, 105-120]。现有的研究已经证实青蒿素生物合成途径限速酶：3-羟基-3-甲基戊二酰辅酶 A 合成酶、法尼基焦磷酸合成酶、紫穗槐-4,11-二烯合酶、细胞色素 P450 单氧化酶、细胞色素 P450 还原酶、青蒿醛双键还原酶 2,1-脱氧-D-木酮糖 5-磷酸合酶、1-脱氧-D-木酮糖-5-磷酸还原异构酶等编码基因上调表达，在不同生物合成途径和步骤上提高了青蒿素产量[120-134]。因此，有必要研究青蒿根施木霉菌对这些基因表达模式的影响。

土壤养分是由土壤提供的植物生活所必需的营养元素，是土壤肥力的重要物质基础。土壤水分是影响植物生长发育最关键的因素之一。土壤有机质是影响土壤肥沃度的一个重要因素[165,166]。研究棘孢木霉对土壤的改良作用，将为研制提高引种青蒿中青蒿素产量的菌肥提供理论依据。

10.1 材料与方法

10.1.1 供试材料

供试植物材料为青蒿。采用重庆酉阳的青蒿种子，2015 年 3 月下旬在温室采用育苗纸筒进行育苗。

供试棘孢木霉 ACCC30536（*Trichoderma asperellum* ACCC30536）菌株，购于中国农业微生物菌种保藏中心。

10.1.2 试验方法

采用 PDA 培养基，将活化的棘孢木霉分生孢子在无菌条件下接种，在 28℃条件下培养 5 d 获得大量分生孢子。将分生孢子溶于自来水中配制成悬浮液，显微镜下以细胞计数板计数，用自来水梯度稀释配制成 T1（1×10^5 cfu/mL）、T2（1×10^6 cfu/mL）和 T3（1×10^7 cfu/mL）的溶液备用。

5 月 10 日将青蒿幼苗（苗高 10～15 cm）移栽至哈尔滨市郊区（45°44′N，126°36′E）大田条件下生长。垄长 20 m，株距 0.4 m，行距 0.6 m。每处理 3 垄，3 次重复。定期除草、松土，干旱时及时补水。7 月 10 日进行青蒿根施棘孢木霉分生孢子处理。处理组为 T1、T2 和 T3，每株青蒿分别根施 200 mL 当天配制好的棘孢木霉分生孢子悬浮液，以施用等体积自来水的青蒿为对照组(CK)。

10.1.3　样品采集方法

分别于根施木霉 0 d、1 d、2 d、5 d、8 d、11 d、15 d、20 d、30 d、40 d、50 d 和 60 d 时，采集植物中上部不同方向的枝顶嫩叶，液氮速冻后置于–80℃保存，每区组随机采集 10 株植物，用于提取青蒿总 RNA。

分别于根施木霉菌 0 d、1 d、2 d、5 d、8 d、11 d、15 d、20 d、30 d、40 d、50 d 和 60 d 的下午，每区组随机采集 10 株植物，通风干燥处晾干 5 d。收集所有叶片，40℃烘干 2 d 后测量青蒿干叶片中青蒿素含量。

分别于根施木霉菌 30 d、40 d、50 d 和 60 d 时，采集植物不同方向和位置枝条上的叶片，每区组随机采集 10 株植物，相同方法干燥后测量青蒿干叶片的产量。

分别于木霉菌诱导后 0 d、15 d、30 d、45 d 和 60 d 采集青蒿根部土壤样品，在距青蒿主茎四周 5 cm 处各设一直径为 10 cm 取样点，挖土深至根部，拨取根际土壤，将获得的土壤样品混匀，每株植物设 4 个取样点，每个点取土 100 g 左右；每区组取 10 株植物。土壤样品用于检测含水率及 pH，风干后用于检测有机质、氮素、钾素、磷素等指标，测定 3 次重复。

10.1.4　指标测定方法

10.1.4.1　青蒿叶中青蒿素提取和含量测定方法

采用本研究建立的恒温振荡浸提法提取青蒿素：采用本研究建立的柱前衍生高效液相色谱法检测青蒿素含量。利用美国 Waters 高效液相色谱系统(Waters 600 Controller，Waters 717 plus Autosampler，Waters 2487 Dual λ Absorbance Detector，Empower Pro 色谱操作系统)；色谱柱为 200 mm×4.6 mm Century SIL C_{18} BDS-5 μm 不锈钢柱(大连江申分离科学技术公司)；流动相为甲醇(色谱纯)∶磷酸盐缓冲液=1∶1；流速为 0.8 mL/min；柱温为 25℃；灵敏度为 2.000 AUFS。

10.1.4.2　青蒿叶片产量测定方法

干燥青蒿叶片，称量不同处理的干重。

10.1.4.3　青蒿嫩叶中青蒿素生物合成关键酶基因克隆

青蒿素生物合成相关途径关键基因 mRNA 序列从 GenBank 数据库(http://www.ncbi.nlm.nih.gov/nuccore/)获得，分别为 *HMGR1*(AF142473.1)、*FPS*

(GQ420346.1)、*ADS*(DQ241826.1)、*CYP71AV1*(DQ872632.1)、*CPR* (DQ984181.1)、*DBR*(EU848577.1)、*DXS1*(AF182286.2)、*DXR1*(AF182287.2)。并且搜索获得青蒿 *actin 1*(EU531837.1)、*UBQ*(ubiquitin，EU258763.1)和 *GAPDH*(glyceraldehyde-3-phosphate dehydrogenase，GQ870632.1)基因序列，作为 qRT-PCR 内参基因。

10.1.4.4 实时荧光定量聚合酶链式反应(RT-qPCR)技术分析基因的表达

采用十六烷基三甲基溴化铵法(cetyltrimethylammonium bromide, CTAB)法提取青蒿总 RNA，并用 DNaseI(Promega，美国)消化，去除 DNA。参照罗氏公司第一链 cDNA 反转录合成酶(Transcriptor First Strand cDNA Synthesis Kit protocol)(Roche 公司，瑞士)试剂盒说明书，以消化后的 RNA 为模板，反转录合成 cDNA。将反转录产物稀释 10 倍，用作 RT-qPCR 模板。

采用罗氏 LightCycler 96 real-time PCR detection system 和罗氏 FastStart Essential DNA Green Master Mix(Roche 公司，瑞士)试剂盒进行荧光定量 PCR 反应。实验中所有基因引物设计见表 10-1。以 *actin* 1、*UBQ* 和 *GAPDH* 三个基因为内参基因。反应体系为 20 μL：Master Mix，2×conc.(Roche 公司，瑞士) 10 μL，上下游引物各 0.5 μmol/L，各采样时间点的模板为 100 ng，加去离子水补足 20 μL。RT-qPCR 反应条件为：95℃预变性 600 s；95℃变性 5 s，59℃退火 15 s，72℃延伸 10 s，设 45 个循环。熔解曲线条件为：95℃ 10 s，65℃ 60 s，97℃ 1 s。为确保 RT-qPCR 结果的重现性，对每个样品进行了 3 个技术重复。

表 10-1 RT-qPCR 分析基因引物

基因	引物	序列(5′-3′)	T_m 值/℃	PCR 产物/bp
HMGR1	Forward	GAGGGACACAATTAGCATCAC	57.1	209
	Reverse	CATGTCTCTGCTTGATCTGTTG	58.5	
FPS	Forward	AGGCCACAAGTTACAAGAAGC	58.5	211
	Reverse	AGATACAGACAACATCGGCTTG	59.3	
ADS	Forward	CGCCTAGATGATCTCATGACC	58.7	216
	Reverse	GCACAAATAGATCACAGCCATC	59.6	
CYP71AV1	Forward	TATTGGAAAGACGCTGAAGC	58.1	213
	Reverse	GATCTGGTCATAGCTCACACC	57.2	
CPR	Forward	TGAAGGTGCCACTAAGGAGTAC	58.4	203
	Reverse	GATTCTTCACGTAGAGCTCCG	59.1	
DBR	Forward	GGAGAGGAGCTTATGTTGGAAC	59.2	211
	Reverse	TACCCAACGACAGGATCATG	59.4	
DXS1	Forward	AACATAACCGTTGCAGATGC	58.7	214
	Reverse	CATGGTCAATGTAACGGTCTG	58.9	
DXR1	Forward	GGAGTTCTAAGTGCAGCTAACG	58.4	205

续表

基因	引物	序列(5′-3′)	T_m 值/℃	PCR 产物/bp
	Reverse	ACCAGATGATGAAGGCTTCAC	59.2	
actin 1	Forward	CATTGGTGCTGAGAGGTTC	56.7	209
	Reverse	TCCTTGCTCATCCTATCAGC	58.0	
UBQ	Forward	TTCAGGACAAGGAAGGGATC	59.1	208
	Reverse	TGCTGGTTTTGTTTCTGACC	58.7	
GAPDH	Forward	CAACTGCCTTGCTCCTCTAG	57.9	223
	Reverse	CAATTTACCATTAAGAGCAGGC	58.0	

10.1.4.5 土壤样品采集、测定的指标与方法

选取土壤含水率和 pH 评价其理化性质；选取有机质、全氮、水解氮、全磷、有效磷、全钾、有效钾等指标评价其养分条件，按照陈立新[223]的方法进行测定。其中土壤含水率采用“烘干法”测定；土壤 pH 采用“电位测量法”测定；土壤有机质采用“重铬酸钾氧化加热法”测定；土壤全氮采用“半微量凯氏法”测定；水解氮采用“碱解-扩散法”测定；全磷采用“硫酸-高氯酸-钼锑抗比色法”测定；有效磷采用“盐酸-硫酸浸提法”测定；全钾采用“酸溶-火焰光度计法”测定；有效钾采用“乙酸铵浸提-火焰光度法”测定。

10.1.5 数据分析

根据标准曲线配制的方程计算获得的不同样品中青蒿素的含量。青蒿素含量计算方法见式(10-1)：

$$M_{\mathrm{QHS}}=(C_{\mathrm{QHS}}\times V_{\mathrm{sample}})/W_{\mathrm{sample}} \tag{10-1}$$

式中，M_{QHS} 为样品中 QHS 的量(mg/g 鲜重)；C_{QHS} 为样品中 QHS 的浓度(mg/mL)；V_{sample} 为样品的体积(mL)；W_{sample} 为样品的干重(g)。

青蒿素产量受青蒿素含量和生物量产量两个因素制约，其计算方法见式(10-2)：

$$W=C\times M \tag{10-2}$$

式中，W 为青蒿素产量(mg)；C 为青蒿素含量(%)；M 为青蒿单株干叶的质量(g)。

利用 Excel 2007、SPSS 18.0 和 Minitab 16.0 软件包对数据进行分析并绘制图表。对同一时间点不同处理间的差异显著性进行 ANOVA 分析，在 P=0.05 下比较差异性。图中的数据重复采用平均值±标准偏差来表示。对不同处理结果在

P=0.05 下进行 Tukey 检验分析。并对试验组处理(CK、T1、T2 和 T3)和时间(0 d、15 d、30 d、45 d 和 60 d)这两个因子对土壤养分的影响进行双因素方差分析，在 P=0.05 下比较差异性。

10.2　结果与分析

10.2.1　棘孢木霉对青蒿中青蒿素含量的影响

10.2.1.1　标准曲线绘制

经高效液相色谱系统检测，青蒿素与其他组分完全分离，保留时间合适，峰形好(图 10-1)，适合于定量分析。以标准样的峰面积为纵坐标(Y)，标准样的质量浓度为横坐标(X)，绘制标准曲线，得到线性回归方程：Y=2E+07x+23341，R^2=0.9996。线性范围：0～250 μg/mL。

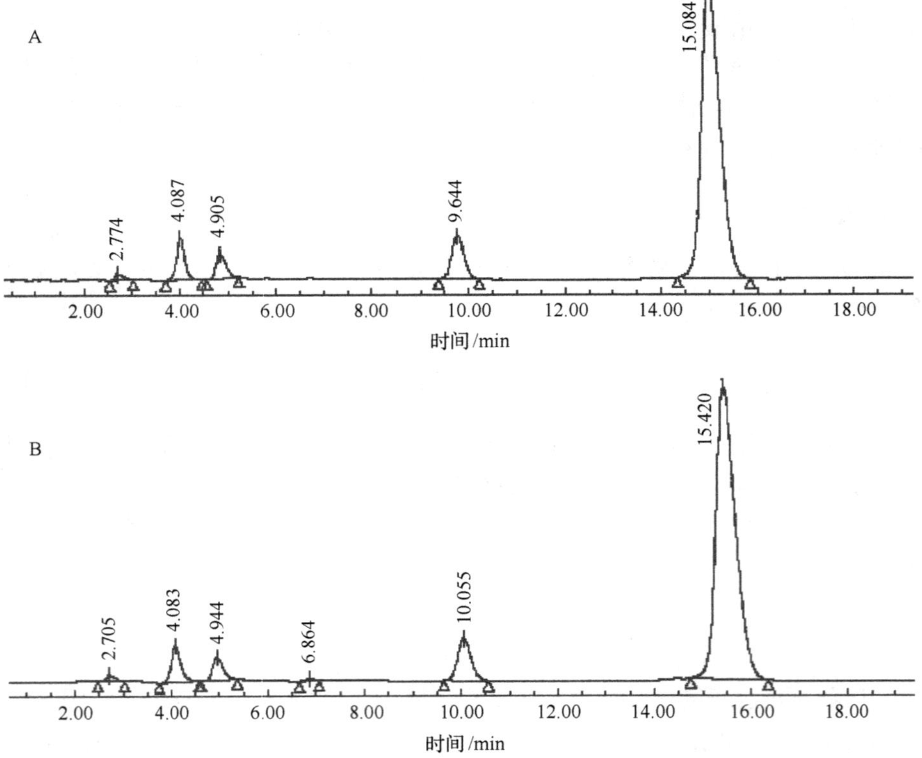

图 10-1　青蒿素标准样(A)及样品(B)的色谱图

10.2.1.2　青蒿叶组织中青蒿素含量变化

青蒿根部施用木霉分生孢子诱导 15 d 内各试验组的青蒿素含量上下波动，只有在第 5 天处理组青蒿素的含量显著高于对照(CK)。在根施木霉菌第 15～40 天，处理组叶片中青蒿素含量均显著高于 CK，叶片中的青蒿素含量呈逐渐升高趋势，在 8 月 20 日也就是木霉菌诱导 40 d 时达到最高(T2：0.864%)，并且，较高的青蒿素含量一直维持到 9 月 1 日(第 50 天)，到了 9 月 10 日 T2 组青蒿素的含量下降为 0.658%(图 10-2)。除了在木霉诱导 30 d 时 T3 组的青蒿素含量最高以外，其他时间下 T2 组青蒿素含量均为最高。说明 T2 处理的木霉菌施用量最佳。在木霉菌诱导第 5 天，处理组(T1、T2 和 T3)青蒿素的含量增加量最大，分别是 CK 的 1.47 倍、1.89 倍和 1.59 倍(图 10-2)。

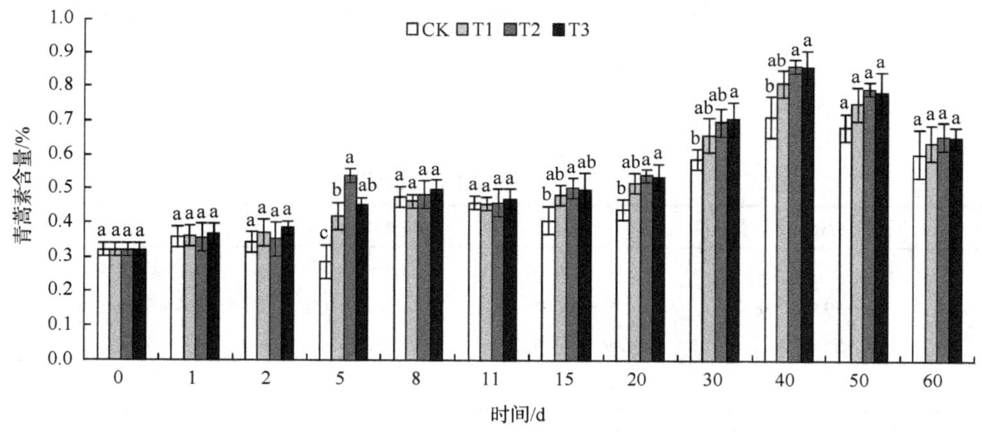

图 10-2　青蒿素含量的时序变化

10.2.2　棘孢木霉对青蒿叶片干重的影响

在青蒿素含量较高的时间点(30～60 d)称量青蒿叶片干重。结果表明：在木霉菌处理 30 d 时，T3 组叶片干重最大，分别为 CK、T1 和 T2 的 1.01 倍、1.09 倍和 1.15 倍。经木霉菌处理 40 d、50 d、60 d，T2 和 T3 组青蒿叶片干重均显著高于 CK(P<0.05)，且 T2 组叶片干重分别为 T3 的 1.01 倍、1.02 倍和 1.02 倍(图 10-3)。

10.2.3　棘孢木霉对青蒿素产量的影响

测量结果表明，青蒿生长 30 d 和 60 d 时青蒿素的产量最低，40 d 和 50 d 时青蒿素的产量接近。所以在 8 月 20 日至 9 月 1 日是采收青蒿叶片的最佳时间。此时 T2 组单株青蒿的青蒿素产量为最高，能达到 CK、T1 和 T3 的 1.34 倍、1.16 倍

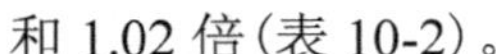
和 1.02 倍(表 10-2)。

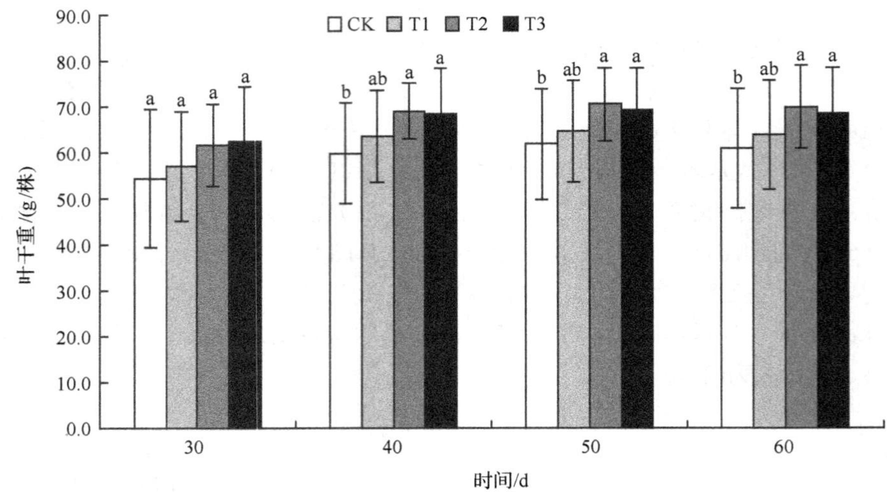

图 10-3　青蒿叶片干重

表 10-2　单株青蒿的青蒿素产量

	30 d /(mg/g 干重)	40 d /(mg/g 干重)	50 d /(mg/g 干重)	60 d /(mg/g 干重)
CK	32.2±0.5c	44.6±0.7c	44.2±0.5c	36.9±0.8c
T1	37.7±0.6b	51.6±0.5b	48.7±0.5b	40.8±0.6bc
T2	43.1±0.3a	59.8±0.1a	56.2±0.2a	46.0±0.3a
T3	44.2±0.6a	58.9±0.5a	54.5±0.5a	44.8±0.3ab

注：同列不同小写字母代表在 $P<0.05$ 水平，处理间有显著差异

10.2.4　青蒿素生物合成关键酶基因在棘孢木霉诱导下的时序表达模式

分析了在木霉菌诱导下青蒿中青蒿素含量最高的T2组与对照组CK青蒿素生物合成关键酶基因的时序表达模式。结果表明：木霉菌诱导条件下 8 条青蒿素生物合成关键酶基因时序表达模式分为 3 组：第一组包括 *HMGR1*、*ADS*、*CYP71AV1* 等 3 个基因，与对照相比它们在木霉诱导 15 d 内，多表现为下调表达，之后在 20 d、40 d 和 50 d 表现为上调表达，30 d 和 60 d 均表现为下调表达。*HMGR1* 基因在 50 d 时上调表达量最大，是对照的 6.79 倍；*ADS* 基因在 20 d 时上调表达量最大，是对照的 26.43 倍；*CYP71AV1* 基因在 20 d、40 d、50 d 时上调表达量均维持最大，分别是对照的 3.79 倍、3.26 倍和 3.20 倍(图 10-4)。第 2 组包括 *CPR*、*DBR*、*DXS1*、*DXR1* 基因，与对照相比它们在木霉菌诱导 8 d 内，多表现为上调表达，在 11 d 时下调表达，之后在 15～50 d 一直多为上调表达，在 60 d 均表现为下调

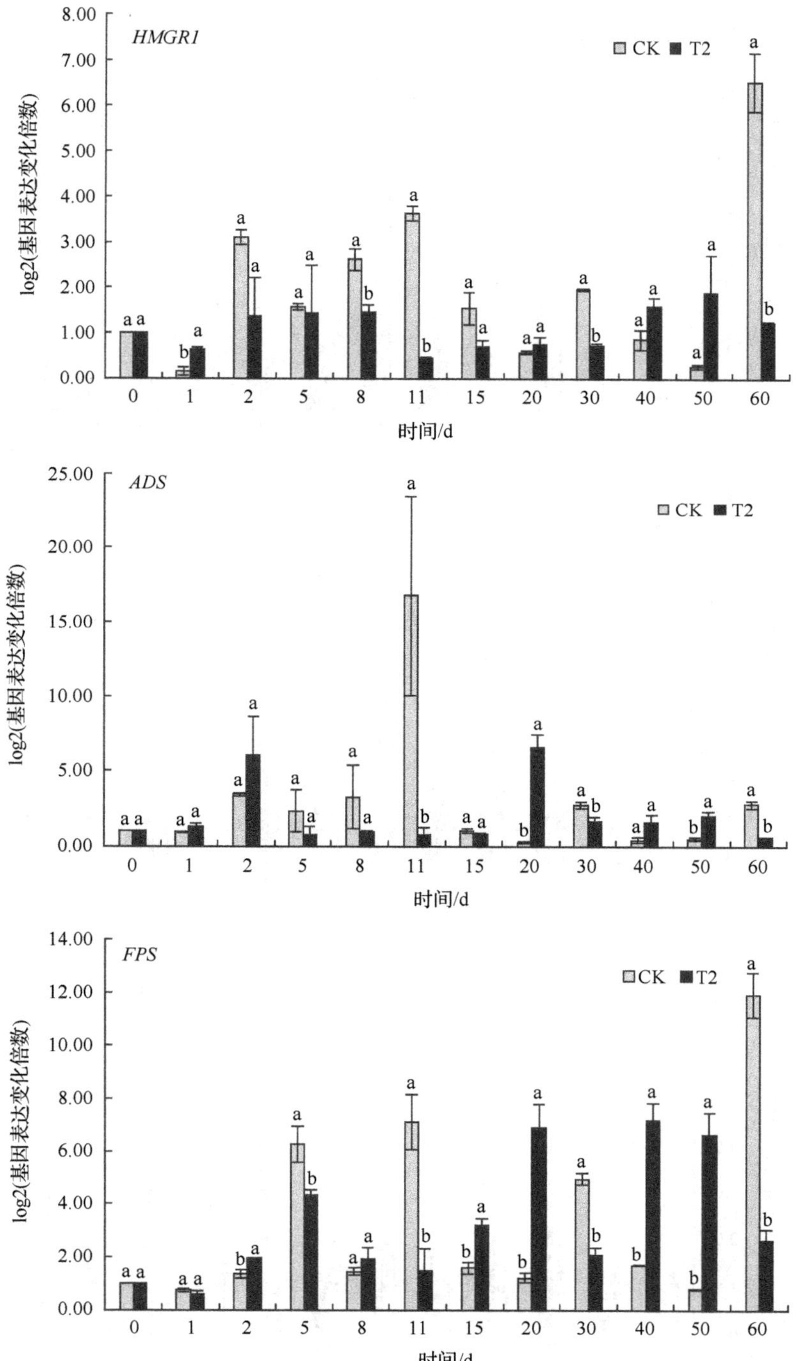
HMGR1
CK T2
log2(基因表达变化倍数)
时间/d
ADS
CK T2
log2(基因表达变化倍数)
时间/d
FPS
CK T2
log2(基因表达变化倍数)
时间/d

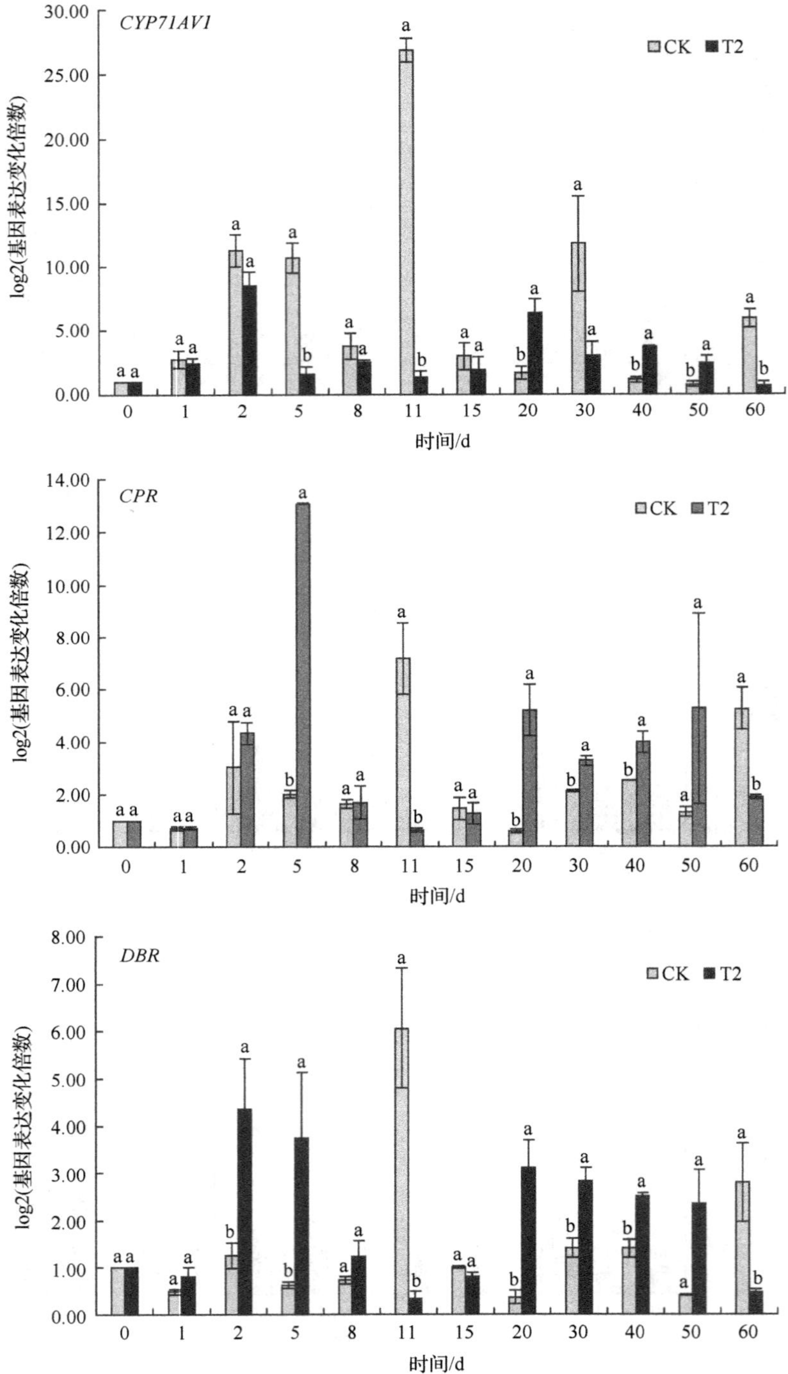
CYP71AV1
CK T2
log2(基因表达变化倍数)
时间/d
CPR
DBR

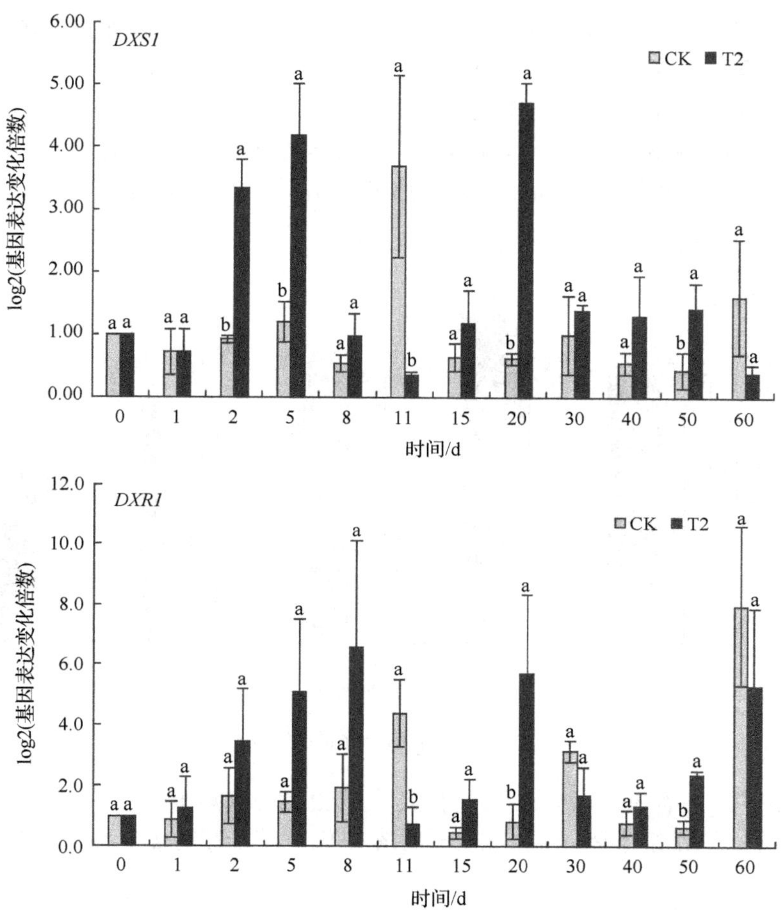

图 10-4 青蒿素生物合成关键酶基因的时序表达

表达。*CPR* 基因在 20 d 时上调表达量最大，是对照的 8.55 倍；*DBR* 基因在 20 d 时上调表达量最大，是对照的 8.57 倍；*DXS1* 基因在 20 d 时上调表达量最大，是对照的 7.71 倍；*DXR1* 基因在 20 d 时上调表达量最大，是对照的 6.89 倍(图 10-4)；第 3 组仅包括 *FPS* 基因，该基因受木霉菌影响较大，与对照相比表达水平上下波动频繁，但在 20 d、40 d 和 50 d 也为上调表达，分别是对照的 5.68 倍、4.28 倍和 8.47 倍(图 10-4)。

10.2.5 棘孢木霉对青蒿根际土壤含水量和 pH 的影响

青蒿根际土壤含水量检测结果表明：4 个试验组的青蒿根际土壤含水率的变化规律基本一致，表现为先增加后减少的趋势(图 10-5)。并且，与对照(CK)相比，木霉分生孢子处理后，在 45 d 内青蒿根部土壤含水率均有不同程度的提高。处理组土壤含水率在施加木霉菌 15 d 时均达到最大值，分别是 CK 组的 1.07 倍、1.15 倍和 1.16 倍。其中，T2 和 T3 组土壤的含水率显著高于 CK($P<0.05$)。在 30 d 时，T2 组土壤含水率最高，但 4 组土壤含水率无显著差异。而在 45 d 时，T2 和 T3 组土壤的含水率再次显著高于 CK($P<0.05$)。说明施用木霉菌能显著提高土壤的含水率，本试验中 T2 组木霉菌对根部土壤保水有最好的影响。

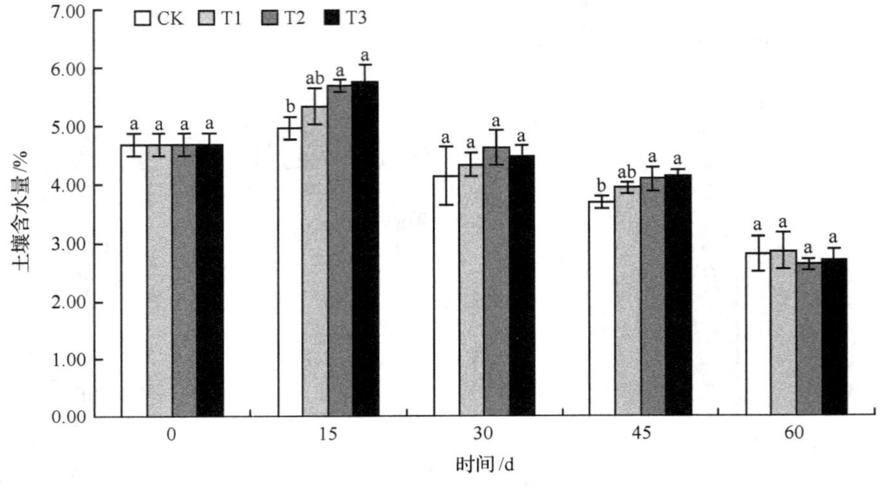

图 10-5　土壤含水量的变化

青蒿根际土壤 pH 检测结果表明：4 个试验组的青蒿根际土壤 pH 变化规律不同(图 10-6)。CK 组土壤 pH 在 6.89～7.16 变化，表现为先减少后增加再减少的趋

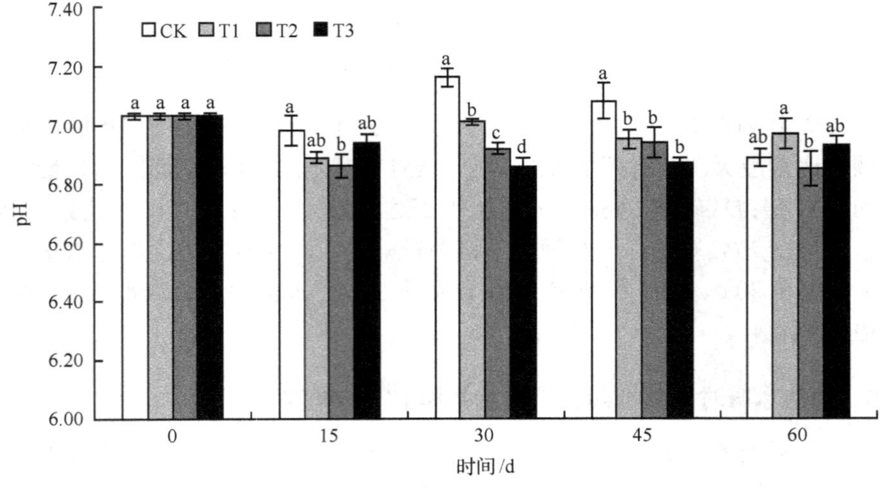

图 10-6　土壤 pH 的变化

势。而 3 个处理组的 pH 仅在 6.85～7.01 波动。经木霉菌处理后，在 45 d 内均使青蒿根际 pH 有不同程度的降低。CK 组 pH 在 30 d 达到最大值且显著高于处理组（$P<0.05$），分别是 T1、T2、T3 的 1.02 倍、1.03 倍、1.04 倍。在 45 d 时 CK 组的 pH 仍显著高于处理组（$P<0.05$）。在 60 d，CK 与 T2 组的 pH 下降，而 T1 与 T3 组的 pH 上升并高于 CK。

10.2.6 棘孢木霉对土壤有机质的影响

青蒿根际土壤有机质检测结果表明，4 个试验组栽培土的有机质含量表现出不一样的波动变化趋势。与 CK 相比，T1 组的有机质在木霉菌诱导的 30 d、60 d 含量增高，分别是 CK 的 1.36 倍和 1.22 倍，并且在 30 d 的含量显著高于 CK（$P<0.05$）。T2 组在处理后的 4 个采样时间点有机质含量均达到 CK 的 1.25 倍以上，显著高于 CK（$P<0.05$）。T3 组的有机质一直维持较高的含量，在 15 d、30 d 分别是 CK 的 1.21 倍和 1.58 倍，显著高于 CK（$P<0.05$）（图 10-7）。Tukey 检验分析表明：3 个处理组栽培土的有机质含量均显著高于 CK，并且 T3 和 T2 水平的木霉菌诱导对提高青蒿栽培土的有机质含量的影响相近，均显著高于 T1 和 CK（表 10-3）。另外，对检测的土壤有机质含量进行双因素方差分析，结果表明木霉菌诱导时间和不同处理对土壤有机质含量有显著影响（$P<0.05$），并且诱导时间和处理的交互作用对有机质的含量也具有显著影响（$P<0.05$）（表 10-4）。

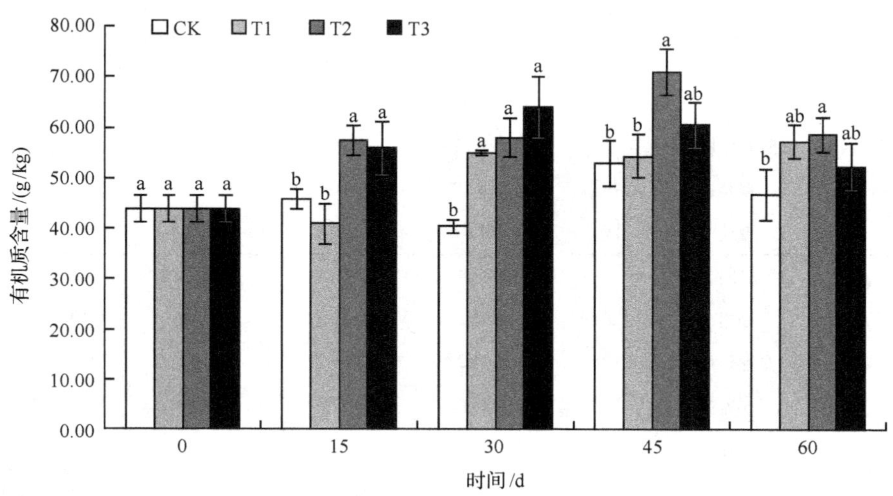

图 10-7 土壤有机质含量

表 10-3 Tukey 检验分析

指标	处理	自由度	均值	分组	指标	处理	自由度	均值	分组
有机质	T3	15	56.3	A	$R_{水解氮/总氮}$	T3	15	3.7	A
	T2	15	55.5	A		T2	15	3.6	A
	T1	15	50.6	B		T1	15	3.3	B
	CK	15	46.4	C		CK	15	3.1	B
$R_{有效磷/全磷}$	T2	15	6.1	A	$R_{有效钾/全钾}$	T3	15	1.1	A
	T3	15	5.6	B		T2	15	1.1	A
	T1	15	5.4	B		T1	15	1.0	AB
	CK	15	5.3	B		CK	15	1.0	B

注：同列内不同大写字母表示在 0.05 水平差异显著

表 10-4 双因素方差分析

指标	来源	自由度	SeqSS	AdjSS	AdjMS	F 值	P 值
有机质	时间	4	669.26	669.26	167.32	11.20	0.000
	处理	3	956.82	956.82	318.94	21.36	0.000
	交互作用	12	1 724.05	1 724.05	143.67	9.62	0.000
	误差	40	597.35	597.35	14.93		
	合计	59	3 947.47				
$R_{水解氮/总氮}$	时间	4	1.536 16	1.536 16	0.384 04	14.51	0.000
	处理	3	2.747 42	2.747 42	0.915 81	34.60	0.000
	交互作用	12	4.219 31	4.219 31	0.351 61	13.29	0.000
	误差	40	1.058 60	0.026 46			
	合计	59	9.561 48				
$R_{有效磷/全磷}$	时间	4	6.81 64	6.816 4	1.704 1	8.93	0.000
	处理	3	5.831 3	5.831 3	1.943 8	10.19	0.000
	交互作用	12	8.861 2	8.861 2	0.738 4	3.87	0.001
	误差	40	7.630 0	7.630 0	0.190 8		
	合计	59	29.139 0				
$R_{有效钾/全钾}$	时间	4	0.615 427	0.615 427	0.153 857	21.37	0.000
	处理	3	0.170 618	0.170 618	0.056 873	7.90	0.000
	交互作用	12	0.361 040	0.361 040	0.030 087	4.18	0.000
	误差	40	0.287 933	0.287 933	0.007 198		
	合计	59	1.435 018				

10.2.7 棘孢木霉对青蒿根际土壤氮、磷、钾的影响

10.2.7.1 棘孢木霉对土壤水解氮与总氮比率的影响

青蒿根际土壤水解氮与总氮比率（$R_{水解氮/总氮}$）（R，ratio；下同）检测结果显示：CK 中 $R_{水解氮/总氮}$值在 2.97～3.47 波动（图 10-8）。经木霉菌处理后，T1 组 $R_{水解氮/总氮}$值在 15 d 时高于 CK，在 30～45 d 时低于 CK，只有在 60 d 时达到 CK 的 1.22 倍，显著高于 CK（$P<0.05$）。在 60 d 内，T2、T3 组土壤 $R_{水解氮/总氮}$值是 CK 的 1.14～1.40 倍，均显著高于 CK（$P<0.05$）（图 10-8）。Tukey 检验分析表明：T2 和 T3 组均显著高于 T1 和 CK 组（$P<0.05$）（表 10-3），说明不同剂量的木霉分生孢子对 $R_{水解氮/总氮}$的作用效果不同，T2 和 T3 的作用效果较 T1 好。对土壤水解氮与总氮比率进行双因素方差分析，结果表明木霉菌诱导时间和不同处理对土壤 $R_{水解氮/总氮}$有显著影响（$P<0.05$），并且诱导时间和处理的交互作用对 $R_{水解氮/总氮}$也具有显著影响（$P<0.05$）（表 10-4）。

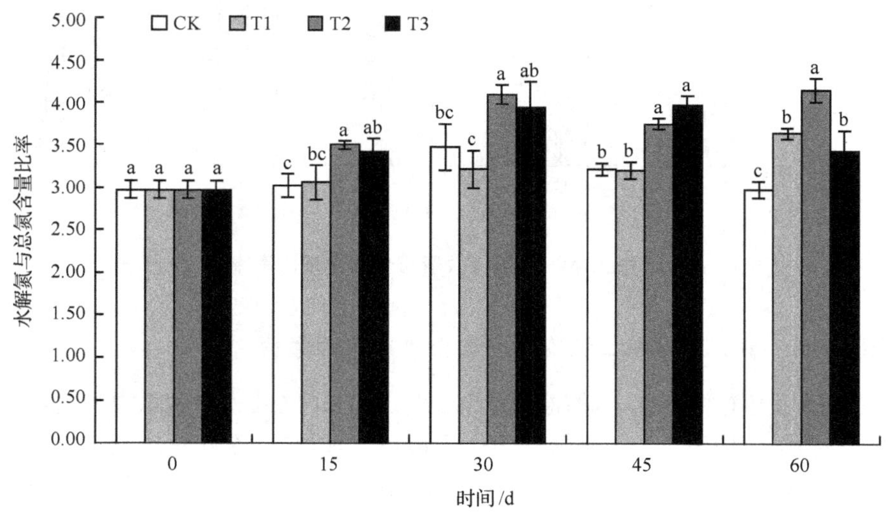

图 10-8 土壤水解氮与总氮含量比率

10.2.7.2 棘孢木霉对土壤有效磷与全磷比率的影响

青蒿根际土壤中 $R_{有效磷/全磷}$值的检测结果表明：60 d 内，CK 及处理组中 $R_{有效磷/全磷}$变化趋势相同，均为先上升后下降。CK、T1 和 T2 组均在 45 d 时达到最大值，且 T2 显著高于 CK（$P<0.05$）。T3 组在 15 d 时达到最大值，显著高于 CK 和 T1 组（$P<0.05$），之后开始降低。T1 组 $R_{有效磷/全磷}$值除在 30 d 时低于 CK，其余时间

点均高于 CK，但与 CK 无显著差异($P>0.05$)(图 10-9)。Tukey 检验分析表明：T2 组对 $R_{\text{有效磷/全磷}}$值的影响显著高于 T1、T3 和 CK($P<0.05$)(表 10-3)，说明，不同剂量棘孢木霉分生孢子处理对青蒿根际土壤 $R_{\text{有效磷/全磷}}$值的作用效果不同，T2 作用效果最好。对土壤有效磷与全磷比率进行双因素方差分析，结果表明，棘孢木霉诱导时间和不同处理对土壤 $R_{\text{有效磷/全磷}}$有显著影响($P<0.05$)，并且诱导时间和处理的交互作用对 $R_{\text{有效磷/全磷}}$也具有显著影响($P<0.05$)(表 10-4)。

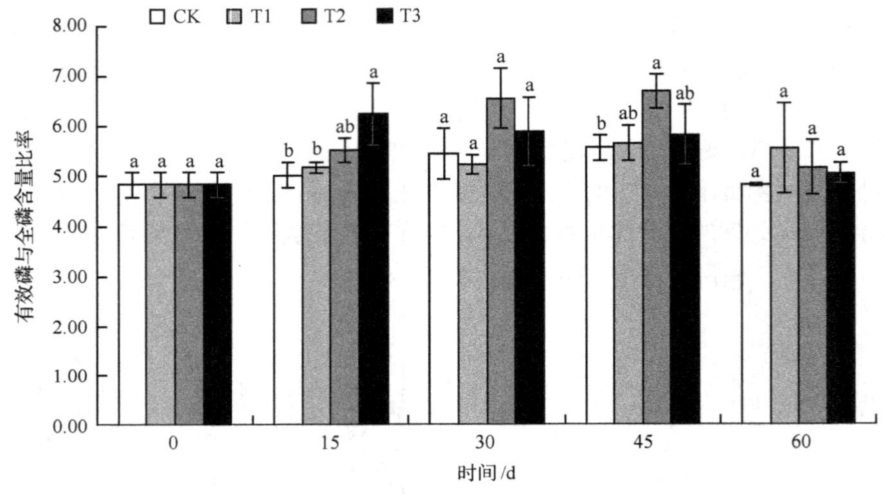

图 10-9　土壤有效磷与全磷含量比率

10.2.7.3　棘孢木霉对土壤有效钾与全钾比率的影响

青蒿根际土壤中 $R_{\text{有效钾/全钾}}$的检测结果表明：60 d 内 CK 及处理组中土壤 $R_{\text{有效钾/全钾}}$变化趋势相同，均为上升、下降，再上升最后下降。在 45 d 时，除 T1 组略低于 CK 外，其他处理组均高于 CK，但 4 个试验组的 $R_{\text{有效钾/全钾}}$无显著差异($P>0.05$)。在 15 d 时，T3 组土壤 $R_{\text{有效钾/全钾}}$为 CK 的 1.22 倍、T1 组的 1.19 倍，显著高于 CK 及 T1 组($P<0.05$)。在 30 d 和 60 d 时，处理组 $R_{\text{有效钾/全钾}}$均高于 CK，但差异不显著($P>0.05$)(图 10-10)。Tukey 检验分析表明：T2 和 T3 组显著高于 CK(表 10-3)，说明 T2 和 T3 组木霉处理对土壤 $R_{\text{有效钾/全钾}}$的作用效果最好。对土壤有效钾与全钾比率进行双因素方差分析，结果表明棘孢木霉诱导时间和不同处理对 $R_{\text{有效钾/全钾}}$有显著影响($P<0.05$)，并且诱导时间和处理的交互作用对 $R_{\text{有效钾/全钾}}$也具有显著影响($P<0.05$)(表 10-4)。

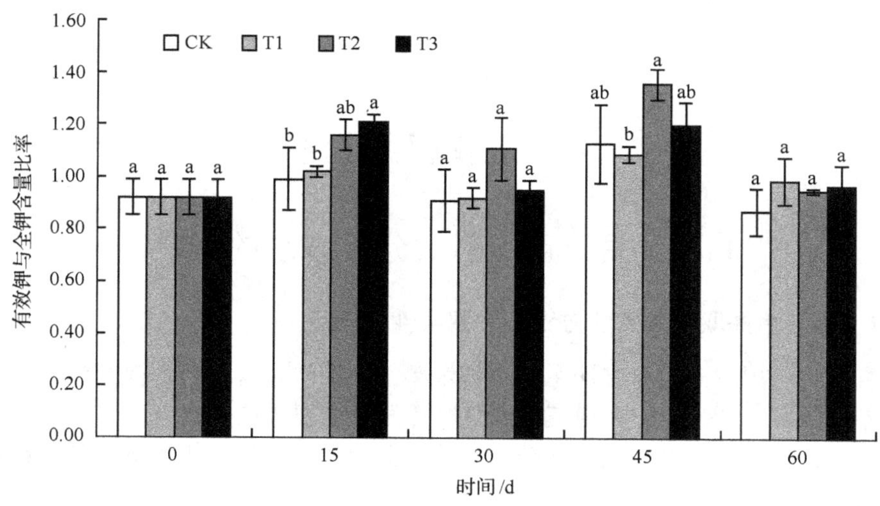

图 10-10 土壤有效钾与全钾含量比率

10.3 本 章 小 结

研究结果表明，时间和不同木霉菌分生孢子量处理对土壤含水量、pH、有机质，以及 $R_{水解氮/全氮}$、$R_{有效磷/全磷}$和 $R_{有效钾/全钾}$存在显著影响（$P<0.05$）。处理组青蒿有机质含量均显著高于 CK（$P<0.05$）；T2 和 T3 处理组之间无显著差异（$P>0.05$），但与 T1 和 CK 相比有显著差异（$P<0.05$）。T2 和 T3 处理组之间的 $R_{水解氮/全氮}$无显著差异（$P>0.05$），但显著高于 CK（$P<0.05$）；T1 处理与 CK 相比无显著差异（$P>0.05$）。T2 处理 $R_{有效磷/全磷}$显著高于 T3、T1、CK 组（$P<0.05$）；然而，T3、T1、CK 之间无显著差异（$P>0.05$）。T3 和 T2 处理的 $R_{有效钾/全钾}$显著高于 CK（$P<0.05$）；而 T1、T2、T3 之间无显著差异（$P>0.05$）；T1 与 CK 相比无显著差异（$P>0.05$）。另外，交互作用双因素（诱导时间和处理）方差分析结果表明对所检测的指标均具有显著影响（$P<0.05$）。土壤这些养分增加为青蒿生物量积累提供了良好的条件。总之，施加适量棘孢木霉 ACCC30536 分生孢子对提高栽培青蒿中青蒿素产量和改良栽培土壤具有积极的影响。

11 问题与讨论

11.1 关于青蒿药效分析方法的确定

11.1.1 实验室提取青蒿素的方法和提取条件的确定

青蒿的药用成分提取方法主要有：水蒸气蒸馏法、有机溶剂提取法、超临界CO_2萃取法[14-16,25]等。在大规模生产中，挥发油主要采取水蒸气蒸馏提取、减压蒸馏分离；青蒿素为非挥发性成分，目前工业上主要采用有机溶剂提取、柱层析及重结晶分离。尽管进行了一些其他提取方法研究，如超临界萃取，虽有萃取速度快、收率高、流程简单、纯度高和不残留有机溶剂的优点，但由于存在一次性投资大等问题未能用于大规模生产[224]。目前最常用的方法还是有机溶剂浸提法。青蒿药用成分提取收率低是造成资源浪费的重要原因。索氏提取法和回流提取法需要实时监视，一次提取样品数有限，而且提取时所需温度比较高，所用提取溶剂受限，易引起青蒿素的分解，青蒿素的提取量少于实际含量，只有在样品少，需进行快速测定时，可以考虑用此方法，还需严格控制提取时间。本试验综合文献[14,27,38,196,197]的室温浸提法、恒温浸提法、搅拌提取法和超声波助提法的优点，对青蒿素提取条件进行较系统的研究，改进为恒温振荡浸提法。此方法操作简单，只需恒温振荡培养箱，此设备可以设定温度、浸提时间和振荡频率，提取率高，一次可以提取大量样品，适合于进行大规模青蒿中青蒿素含量高低的筛选。缺点是提取时间长。此方法可为黑龙江省引种青蒿试验研究提供可靠依据，也为制定测定青蒿素含量标准化提取方法和提高工业生产提取收率奠定了基础。

黑龙江省的地理位置较南方青蒿主产区的纬度高，为确定青蒿引种到黑龙江省药用成分青蒿素是否发生地域性变异，对提取的青蒿素进行了薄层层析法和红外光谱法定性分析，为引种青蒿的质量评价提供了可靠依据。

11.1.2 实验室测定青蒿素含量方法的确定

定量分析方法应与相应的提取分离方法联系在一起，有效提取后需要一种准确的方法来进行定量分析。青蒿素收购市场需要统一标准的含量测定方法，已是一个亟待解决的问题。不同的研究者选用不同的分析方法测定青蒿素含量[20,29-43]，本研究采用柱前衍生紫外测定液相色谱法测定青蒿素含量，作者在青蒿素含量测定过程中发现文献[10,12,39,41,198,225]的方法操作烦琐、测定线性范围小、实验误差大，并发现此方法操作过程中溶解青蒿素(青蒿提取浸膏)的95%乙醇用量和碱、酸化过程的碱、酸用量影响测定的青蒿素含量结果。因此作者通过进行大量样品测定和分析研究工作，对此分析方法进行了改进，确定了稳定、重现性好的一种测定方法，可供同行参考，并为制定标准含量测定方法提供了理论依据。

11.2 关于引种青蒿栽培技术及管理措施的问题

黑龙江省的地理位置较青蒿主产区的纬度高，进行大纬度跨度的引种栽培试验是一个大胆的尝试。引种成功将为黑龙江省中草药栽培生产增加新品种。若能像当地野生青蒿一样在生产力差的荒地、废弃地、闲置地上良好生长，再采用适当的栽培管理措施使青蒿素含量提高，将使荒地变成耕地，既能获取经济效益又能起到绿化环境、提高土地利用率的社会效益。

1. 青蒿药效主要受遗传控制，其次受生长环境的生态因子影响

黑龙江省野生和引种青蒿中青蒿素含量测定结果表明青蒿素含量主要受遗传控制，其次受生长环境的生态因子影响。引种青蒿中青蒿素含量虽有下降，但远远高于野生青蒿，而且其含量具有工业生产价值。如何保持或提高种源的青蒿素含量，将是我们面临的问题。

栽培试验结果表明，虽然不同种源青蒿素含量下降率不同，但高青蒿素含量的种源能克服含量下降带来的影响，引种青蒿中青蒿素含量高的种源栽培后青蒿素含量还是相对最高。因此引种栽培高青蒿素含量的种源是提高青蒿素产量的前提。

高纬度引种青蒿，使青蒿生长的生态环境发生了很大变化，薄层层析分析和红外光谱分析结果表明，青蒿药效虽有降低，但受遗传控制，未发生地域性变异。

2. 引种青蒿栽培技术研究

主产区人工栽培青蒿应选择避风向阳、土壤肥沃、土质疏松(最好为半泥半沙的壤土)、土层较厚(30 cm 以上)、能排水、水源近的缓坡地或平地作苗圃地，最好是菜园熟地。青蒿育苗时间一般选在春季，2 月上中旬为最佳育苗时间，最迟不超过 3 月上旬，否则会影响出芽率和生长期。而黑龙江省在 3 月上旬之前平均气温不能稳定通过 0℃，无法实现室外苗圃育苗。引种的青蒿在物候期、生长发育习性、生理生化特性等方面与野生类型存在一定的差异。引种的青蒿生长发育期较野生类型长，在引种地大田生长不能完成其生育期。为延长青蒿在引种地的生长期，对比室内和野外育苗结果及育苗方法表明：黑龙江省引种青蒿，采用温

室育苗，可延长青蒿的生长期 45 d 左右，集成板式纸筒育苗移栽方便、用土量小、成本低。不同地区引种青蒿相同时间收获，育苗和移栽时间越早青蒿素产量最高。引种的青蒿，营养生长可持续到 9 月初，生长期近 170 d，可获得巨大药用部位生物量；8 月 20 日后陆续转入生殖生长，本地气温高、光照强，可获得高含量的青蒿素。即提早育苗移栽，可延长其生长时间，在气温较高的月份积累最高的青蒿素含量并达到大的生物量，从而提高青蒿素产量。

3. 青蒿高产栽培施肥技术研究

青蒿中青蒿素产量受青蒿素含量和青蒿药用部位生物量双重因素的影响，研究结果表明，矿质营养元素和植物激素样物质能显著提高青蒿素产量，B、Mn、复合肥(NPK)、P、K、Cu、Mg、Ca、Mo 肥均可使青蒿素含量达 0.8%以上，但复合肥(NPK)、Ca 肥同时对生物量增产的贡献大于其他营养肥料，因此选用这 4 种肥料采用正交设计法，研究其最佳配比可得出提高青蒿素产量的施肥措施。植物激素样物质对青蒿素产量的影响主要来源于其对生物量的贡献，因此在植物生长旺期，配合叶面喷施植物激素样物质可进一步提高青蒿素产量。选择植物激素样物质同上述 4 种矿质营养元素一起通过正交设计法筛选最佳配比剂量。

栽培施肥工作既要尊重科学又要善于总结经验，因为施肥必须与选用良种、肥水管理、种植密度、耕作制度和气候变化等影响肥效的诸因素结合，才能收到良好的效果。韦霄等[64]在广西进行播种量、种植密度、营养条件、采收期及留种技术的田间试验表明：青蒿施用鸡粪或混合肥作基肥，以种子繁殖，于 3 月上旬撒播，每公顷播种量为 900～1500 g，留苗密度为 15 cm×15 cm，在苗期和生长盛期各追肥 1 次(尿素或过磷酸钙)可提高青蒿产量和青蒿素产量；青蒿以初蕾期采收最为适宜，其产量和青蒿素产量均较高；青蒿留种的种植密度以条距 25 cm 最好，植株长势强，开花结实多，种子产量高。基肥对青蒿产量的影响极显著。施用基肥对青蒿素含量影响不显著，没有用基肥的对照组土壤营养成分少，植株生长缓慢，有利于青蒿素成分的积累。追肥的植株生长量比不追肥和对照组高。施用追肥对青蒿素含量的影响效果不明显。追肥对青蒿产量的影响呈极显著差异。本研究进行了为期 3 年的青蒿栽培试验研究，得出基肥、追肥和移栽后的田间管理对生物量产量提高极为重要，因此在得出最佳施肥量的前提下还要考虑基肥和追肥的施用配比、施用时间和次数对青蒿素产量的影响。

另外，栽培地块营养条件、当年气候和灌溉条件等综合因素也会影响青蒿素的产量。2008 年进行的青蒿栽培试验，上茬种植的是玉米，对青蒿追肥后，所设计的 32 个试验青蒿素含量差异极大，最高为 1.0484%，最低为 0.5598%，平均含量为 0.7523%。最高青蒿素含量比对照(试验 1，所有处理都是 1 水平)提高不大，只比对照提高 0.1219%，并且所设计的试验，青蒿素含量高于和接近对照的只在少数，这是由于肥料还是青蒿单株青蒿素含量差异产生的，还有待于多次栽培试验研究进行总结。印度学者 Qureshi 等[226]在青蒿生长 90 d、120 d 后用不同剂量的 Pb 和 NaCl 胁迫，10 d 后，青蒿素含量呈剂量依赖性增加，而在处理后 40 d、70 d 青蒿素含量呈剂量依赖性降低。收获前在获取最大生物量的前提下，是否进行胁迫来促进青蒿素含量提高还有待于进一步研究。

11.3 关于木霉菌对青蒿叶的光合特性和产量影响的问题

青蒿除了具有抗疟疾、杀虫、抗癌、清热解毒等药理作用外，还能用于调节植物生长。青蒿的有效药用成分为叶组织，因此，提高叶组织的产量是栽培青蒿获取高经济效益追求的目标之一。在以往对影响青蒿产量因素的研究中，多以施用化肥改变土壤中氮磷钾等大量元素含量、锌锰硼等微量元素含量[68,227]，以及采取不同的栽培措施[64]、在不同生长时期改变土壤水分[228]等方法来建立增产的最佳管理办法。而通过施用木霉菌来提高青蒿有效生物量的研究极少。木霉菌(*Trichoderma*)是一种在国际上农林业生产实践中应用越来越广泛的生防因子和生物肥料，不仅对植物病原菌具有竞争作用、重寄生作用及抗菌作用，还对土壤中大量难溶营养成分具有溶解作用，可提高植物对营养物质的吸收，从而促进植物生长。本试验采用不同水平的木霉分生孢子悬浮液根施青蒿，能使其叶产量提高 1.26 倍。说明木霉菌能显著提高青蒿叶的产量。研究发现，植物益生菌能改善土壤环境[185]，然而，施入土壤的有益微生物也会影响其原有微生物环境的生态平衡。大量施入土壤中的木霉菌会打破土壤原有的菌群互生的平衡关系，改变植物赖以生存的土壤微生态环境[229]。因此，木霉菌的施用剂量对土壤的改良效果不同。本研究发现，施用浓度为 1×10^7 cfu/mL(200 mL/株)的木霉分生孢子，能获得最高的青蒿叶产量。

植物是通过光合作用获取能量来合成有机物，可见高效的光合作用对植物积累干物质、增加产量至关重要。研究发现，哈茨木霉菌能显著提高番茄植株叶片的光合作用[230]。陆宁海等[153]施用哈茨木霉制剂通过增加叶片的叶绿素含量来提高光合作用能力，使小麦和玉米幼苗生长发育增快。王慧等[135]用 5×10^3 cfu/cm^3 土的棘孢木霉分生孢子诱导山新杨，显著提高了其光合-光响应能力。说明木霉菌不仅对草本植物而且对木本植物的光合作用也具有积极的影响。本试验结果表明：施用 3 个水平木霉菌的青蒿最大净光合速率明显高于对照，并且对青蒿光合作用的影响与施入木霉菌的剂量相关。T3 处理的最大净光合速率、光饱和点和表观初始量子效率均有显著提高。并且 T3 和 T2 的 LSP 与 LCP 的差值显著大于 T1 和 CK 组，改善了青蒿对光的生态适应能力，说明根施木霉菌后的青蒿提高了对光能的利用，有利于其产量的增加。

随着医药市场对青蒿的药效成分青蒿素需求量的增加，青蒿的需求量也随之提高[231]。本试验结果表明：施加棘孢木霉 ACCC30536 能显著影响青蒿光合特性、提高其药用生物量产量，在大面积种植的前提下，施用木霉菌肥增加的收入将非常可观。由于青蒿素产量是由青蒿生物量产量和青蒿素含量所共同决定的，提高青蒿生物量产量只是增加青蒿素产量的一种途径，木霉菌对青蒿中青蒿素含量的影响也极为重要，相关内容还需作进一步研究。

11.4 关于木霉菌提高青蒿素产量及改良栽培土壤作用的问题

青蒿是世界遍布种，但不同的地域、同一地域不同的环境都对青蒿的产量和青蒿素的含量有很大影响。本研究以引种青蒿(重庆酉阳种源)为试验材料，在大田生长条件下，分析根施 3 种不同浓度棘孢木霉 ACCC30536 分生孢子对提高青蒿叶中青蒿素产量的因子的影响。结果表明，在适量棘孢木霉 ACCC30536 诱导下，引种青蒿营养生长后期青蒿素生物合成关键酶基因的表达量显著提高，从而提高叶中青蒿素含量。并且，通过改良土壤和增强青蒿光合能力来提高青蒿干叶产量，青蒿素含量提高和叶片产量的增加共同提高了引种青蒿中青蒿素产量。

植物是通过光合作用获取能量来合成有机物，可见高效的光合作用对植物积累干物质、增加产量至关重要。研究发现，哈茨木霉菌能显著提高番茄植株叶片的光合作用，棘孢木霉能显著提高山新杨光合-光响应能力[135,153]。说明木霉菌不仅对草本植物而且对木本植物的光合作用也具有积极的影响。

木霉菌可以促进或抑制植物生长的现象已经被提出了几十年。研究认为木霉菌对植物的促进或抑制作用受复杂的土壤物理因素、环境微生物及植物根系生长发育的影响。Thuy[232]等研究发现木霉菌对辣椒种子发芽的促进和抑制作用并存，从而证明木霉菌与植物之间互作的复杂性。木霉菌对植物生长的影响有促进的一面，又有抑制的一面。木霉菌产生的有毒代谢产物可抑制植物生长[233,234]，因此在作为生防制剂使用时，施用菌的数量及其种类必须被限制在不对植物产生毒性的水平上。棘孢木霉 ACCC30536 已经被证实是可以促进植物生长、提高抗病性的良好生防菌株。本研究发现青蒿生长 60 d 内一次性施用不同剂量棘孢木霉分生孢子均能提高干叶产量和青蒿素含量，但剂量不同对干叶产量和青蒿素含量的影响不同。由于 3 个水平的木霉菌都能不同程度地改良栽培青蒿的土壤。因此，或许是大量施用木霉菌影响了环境微生物平衡、微生物，以及定植在根部木霉菌对植物根系发育的影响，使一次性施入过多或过少的木霉菌产生的作用效果低于最优处理组，其作用机制有待于后续进一步阐明。

木霉菌株定植在植物根部可以使植物的基因组和代谢中间产物发生变化。Viterbo 等[143]研究表明：木霉菌预先接种可诱导植物 40 多种化合物的上调表达，可能与系统防御反应有关。青蒿素是一种含过氧桥基团结构的倍半萜内酯类化合物，已经证实其生物合成途径关键酶基因 *HMGR1*、*FPS*、*ADS*、*CYP71AV1*、*CPR*、*DBR*、*ALDH1*、*DXS1* 和 *DXR1* 的表达与青蒿素合成显著正相关[235-242]。目前，将青蒿 *ADS*、*CYP71AV1*、*CPR*、*DBR*、*ALDH1* 基因导入酿酒酵母中表达，已培育出合成青蒿素前体的酵母工程菌，但尚不能将青蒿素前体转变成青蒿素，青蒿依然是青蒿素的主要来源。我们采用 qRT-PCR 技术分析发现，在棘孢木霉诱导青蒿 60 d 的生长过程中，能够使青蒿素合成关键酶基因 *HMGR1* 和 *FPS* 的相对表达量最多提高 6.79 倍和 8.47 倍；使 *ADS*、*CYP71AV1*、*CPR* 和 *DBR* 的相对表达量提高 26.43 倍、3.79 倍、8.55 倍和 8.57 倍；使 *DXS1* 和 *DXR1* 基因的表达量提高 7.71 倍和 6.89 倍。诸多关键酶基因的上调表达，促进了青蒿素的生物合成，提高了青蒿素含量。由于青蒿素的产量取决于青蒿素含量和有效生物量产量的双重贡献，木霉菌又是促进植物生长和提高生物量产量的生防因子。因此，采用木霉菌诱导青蒿可以成为实现青蒿素高产的新方法，具有极大的推广和深入研究价值。

土壤微生物是天然土壤肥料之一，能够直接或间接影响植物的生长、发育、健康、营养吸收和水分。水在植物体的物质组成中占主要部分，水分的充足与否直接影响到植物的形态和结构，进而影响到植物的生长和发育。土壤酸碱度对土壤肥力及植物生长影响很大，如中性土壤中磷的有效性大；碱性土壤中微量元素(锰、铜、锌等)有效性差。氮是作物体内许多重要有机化合物的组分，如蛋白质、核酸、叶绿素、酶、维生素、生物碱和一些激素等都含有氮素。氮素也是遗传物质的基础。磷既是植物体内许多重要有机化合物的组分，同时又以多种方式参与植物体内各种代谢过程。磷对作物高产及保持品种的优良特性有明显作用。钾能够促进植物光合作用，促进碳水化合物和氮素的代谢，使植物经济有效地利用水分和提高植物的抵抗性。顾小龙等[243]发现木霉菌处理能有效改善土壤养分供应状况，同时使有效磷和有效钾含量明显增加。Hoyos-Carvajal 等[244]的研究表明，木霉菌不仅能改善土壤结构而且能够促进土壤中有益微生物群落的建立。吕曼曼等[166]研究表明，施加棘孢木霉分生孢子能显著影响土壤理化性质和营养成分。任轶等[245]的研究表明，木霉菌能够活化土壤中的养分，尤以氮素表现最为明显，与此同时加速土壤养分的分解转化和释放，使得土壤中的营养元素更好地向植株中转移积累，为植物的生长提供了养分保障。本实验结果表明 T2 组的水解氮与全氮含量比率显著高于 CK 组。土壤有效磷是土壤磷素养分供应水平高低的指标，土壤磷素含量高低在一定程度反映了土壤中磷素的储量和供应能力。土壤中有效磷与全磷比率的提高，可能与木霉菌的解磷作用相关。有研究证明哈茨木霉菌、拟康氏木霉菌和绿色木霉菌对土壤中难溶的磷酸钙、磷酸石都具有降解能力[143,246]，且绿色木霉菌、绿木霉菌和哈茨木霉菌等能够在液体培养条件下溶解难溶性的磷酸盐[247]；另外，绿色木霉菌可以促进有机磷堆肥的成熟，起到促进植物生长的作用[248]。然而目前关于木霉菌解钾的报道很少[190]。总之，木霉菌是土壤微生物中的重要菌群之一，具有很好的解磷作用，并能解钾、固氮和修复土壤环境。青蒿喜湿润，忌干旱，怕渍水，光照要求充足。人工种植青蒿粗生易管，但要获得高产高效，需要加强栽培管理。

11.5 进一步的研究设想

(1) 引种地高青蒿素含量良种繁育展望如下。引种的青蒿在物候期、生长发育习性、生理生化特性等方面与野生类型存在一定的差异。引种的青蒿生长发育期较野生类型长，在引种地大田生长不能完成其生育期，高青蒿素含量的良种繁育工作只能结合温室条件进行。在引种地栽培的引种 2 代，出现含量升降不稳定的趋势，且青蒿单株的青蒿素含量差异极大，这给种源的延续带来问题。采用组织培养、无性繁殖手段培养组培苗，经炼苗移栽进行水培(水培可避免其与低青蒿素含量的植株进行杂交，因为青蒿具有自交不亲和特性)，留种，可为解决种源问题提供好的研究方向，既能解决单株含量差异大的问题，又能解决每年种子来源不稳定的问题。

雷红松[249]将组培苗移栽大田栽培获得成功。此方法以蛭石和珍珠岩为基质，当瓶苗的不定根长到 1～1.5 cm 时，将组培苗由培养室移置于温室，经逐渐的气候驯化才能成活成苗，将瓶苗移植到已消毒灭菌的基质中。移栽后注意自然条件调节的同时，还要及时地进行病虫害防治，并适当追施薄肥。当温室的组培苗成活稳定 40～50 d、株高 10～20 cm 时可移至大棚苗床上继续炼苗。这一阶段的幼苗由无土基质移植至旱土中，对苗床的要求较严格，苗床要选择排水性好、疏松、肥沃的土壤。由于青蒿耐旱、怕涝，故应采取垄作，垄高 10～20 cm，土块尽量整细。苗龄 3 个月左右，根系及地上部分生长较旺盛，植株由于株、行距小，已显拥挤，这时即可选择雨后阴天移植至大田。

青蒿具有自交不亲和的特性，为避免大田育种与低青蒿素含量植株杂交，鉴于上述研究成果，我们可以选择长势强壮的高青蒿素含量组培苗室内水培杂交的方法开展良育繁育研究。

(2) 为补偿土壤养分的流失，基肥和追肥是农业生产管理上的必要措施，取得最佳施肥量后，可进一步试验研究用于基肥、追肥量的最佳分配比例和追肥时间及次数。

(3) 木霉菌应用于青蒿产业有着广泛的应用前景。木霉菌不仅能提高青蒿素生物合成关键酶基因的表达，从而提高青蒿素的含量，还能通过改善青蒿光合能力，从而提高青蒿叶的生物量。最值得关注的是木霉菌能改良土壤，在生产实践中可以在荒地栽培青蒿，施用木霉菌不仅可以增加青蒿素产量，还为土壤将来换茬提供基础，符合农业可持续发展的战略方针。

(4) 筛选适合栽培青蒿的除草剂，以减少田间管理工作量，但不能选用抑制杂草的除草剂，因为其会同时抑制青蒿的生长。

(5) 青蒿茎秆生物量极大，采收时节木质化程度高，研究其利用价值，可提高栽培青蒿总的经济效益。据测定青蒿茎秆的燃烧值为 16 100 J/g，具有作为燃料的生产价值，加工成颗粒燃料可作为其利用途径之一。

12 结　　论

本书改进并建立了青蒿素提取、分析方法；以此为基础评价了黑龙江省青蒿野生资源的利用价值；并分别于2006年、2007年和2008年从北纬23°～30°的云南、广西、四川、湖南等地，引进了若干优质种源，在北纬46°以上的黑龙江省不同地区栽培，筛选出适合本地生长、含量高的青蒿种源，建立了引种青蒿栽培技术；研究了影响青蒿素含量、药用生物量的主要因子，选择对青蒿素产量影响大的因素进行正交设计试验，确定了高产青蒿的施肥技术。为黑龙江省引种青蒿，开展大规模栽培生产提供了理论依据。在此基础上，于2014～2016年以重庆酉阳青蒿种子为种源，研究棘孢木霉ACCC30536菌株对青蒿素产量及栽培土壤肥力的影响。创新性研究结果如下。

(1) 改进并建立了恒温振荡浸提法作为青蒿素的提取方法。精确称取青蒿粗粉1.000 g，40℃干燥3 h，以20 mL石油醚(60～90)为溶剂，30℃恒温振荡提取24 h，频率120 r/min，连续提取4次，每次将前一次的提取液倾出，加入10 mL提取溶剂，共提取4 d，合并提取液，总量为50 mL。该方法应用设备简单、可操作性强，提取溶剂经济、毒性小、回收方便、可重复利用，提取物杂质量小、适合工业生产操作。

(2) 改进并建立了新的青蒿素柱前衍生HPLC-UV测定方法。按前人文献方法进行青蒿素测定，发现结果不稳定、操作烦琐。研究表明影响柱前衍生HPLC-UV法测定青蒿素含量结果的主要因素是溶解青蒿素标准品(或青蒿提取浸膏)的95%乙醇用量和碱、酸化过程的碱、酸用量。以此为基础改进并建立了新的青蒿素柱前衍生HPLC-UV测定方法。

(3) 评价了黑龙江省野生青蒿资源利用价值。对黑龙江省内不同地区野生青蒿青蒿素含量进行测定表明，青蒿素含量均低于0.1%，远远低于青蒿素含量≥0.5%的药用标准，即黑龙江省野生青蒿资源无利用价值。

(4) 建立了引种青蒿栽培技术。对比室内和野外育苗结果及育苗方法表明：黑龙江省引种青蒿，采用温室育苗，可延长青蒿的生长期45 d左右，集成板式纸筒育苗移栽方便、用土量小、成本低。不同地区引种青蒿相同时间收获，育苗和移栽时间越早青蒿素产量越高。引种的青蒿，营养生长可持续到9月初，生长期近170 d，可提高药用部位生物量；8月20日后陆续转入生殖生长，本地气温高、光照强，可获得高含量的青蒿素。即提早育苗移栽，可延长其生长时间，在气温较高的月份积累最高的青蒿素含量并达到大的生物量，从而提高青蒿素产量。

(5)通过大田栽培和露天盆栽方法，研究了植物生长必需的多数营养因子、逆境胁迫、辐射青蒿种子、日光、昼夜温差、栽培密度、育苗和移栽时间对青蒿药用生物量和青蒿素含量的影响，结果如下。

营养元素单因素对青蒿素产量的影响大小顺序为复合肥(NPK)＞K＞Ca＞Fe＞Mg＞B＞P＞Mn＞Cu＞N＞Mo＞Zn＞CK(对照)。最大可使青蒿素含量比对照提高49.3%、青蒿药用生物量比对照提高55.4%、青蒿素产量比对照提高111.8%。

植物生长调节剂单因素对青蒿素产量影响大小顺序为：GA_3＞NAA＞氨基酸微肥＞B_9＞KT。最大可使青蒿素含量比对照提高36.9%、青蒿药用生物量比对照提高93.3%、青蒿素产量比对照提高125.5%。

栽培密度大小对青蒿素含量虽有影响但幅度不大，种植密度大可提高青蒿素产量(源于生物量产量的贡献)。

大田栽培施肥技术：N肥720 kg/hm^2、P肥1080 kg/hm^2、K肥1080 kg/hm^2及钙肥360 kg/hm^2，赤霉素、萘乙酸及氨基酸微肥喷施浓度分别为40 mg/L、5 mg/L及225倍液。青蒿素含量最高可达到1.0484%，最低为0.5598%。

(6)引种青蒿中青蒿素含量累积趋势与本地野生青蒿一致，但含量高低差异极大，说明青蒿素含量主要受遗传控制，其次受环境条件影响。青蒿素含量最高达到1.0484%，最低为0.5598%，远大于0.5%的药用标准，引种青蒿中青蒿素含量可达到药用标准，且药用部位生物量超过原产地。引种栽培的青蒿对本地的各种立地条件具有很强的适应性，说明引种青蒿栽培获得成功。因此黑龙江省可充分利用青蒿适应性强的特点，在荒地、废弃地、闲置地、石砾地开展大规模栽培生产，是个很好的惠农惠林项目。

(7)在适量棘孢木霉ACCC30536诱导下，引种青蒿营养生长后期青蒿素生物合成关键酶基因的表达量显著提高，从而提高叶中青蒿素含量。并且，通过改良土壤和增强青蒿光合能力来提高青蒿干叶产量，青蒿素含量提高和叶片产量的增加共同提高了引种青蒿中青蒿素产量。土壤改良为农业可持续发展奠定了基础。

主要参考文献

[1] 屠呦呦, 倪慕云, 钟裕容, 李兰娜, 崔淑莲, 张慕群, 王秀珍, 梁晓天. 中药青蒿化学成分研究Ⅰ. 药学学报, 1981, 16(5): 366-370

[2] 青蒿素结构研究协作组. 一种新型的倍半萜内酯——青蒿素. 科学通报, 1977, 22(3): 142

[3] Sipahimal A T, Fulzele D P, Heble M R. Rapid method for the detection and determination of artemisinin by gas chromatography. J Chromatogr, 1991, 538(2): 425-455

[4] Klayman D L, Lin A J, Acton N, Scvill J P, Hoch J M, Milhous W K, Theoharides A D. Isolation of artemisinin (qinghaosu) from *Artemisia annua* growing in the United States. J Nat Prod, 1984, 47(40): 715-717

[5] 沈硕, 刘淑芝, 杜茂波. 青蒿素类抗疟制剂研究概述. 中国中医药信息杂志, 2015, 22(10): 125-128

[6] Avery M A, Jennings W C, Chong W K M. Simplified anelogues of the antimalarial artemisinin: synthesis of 6,9-Desmethyl artmisinin. J Org Chem, 1989, 54(8): 1792-1795

[7] Posner G H, Chong H O. A regiospecifieally oxygen-18 labeled 1, 2, 4-Trioxane: a single chemical model system to probe the mechanison(s) for the syntimal activity of artemisinin. J Am Chem Soc, 1992, 114(21): 8328-8329

[8] 王明学. 青蒿素及其衍生物的开发和产业化. 中国医药技术与市场, 2006, 6(2): 31-33

[9] Christen P, Veuthey J L. New trends in extraction, identification and quantification of artemisinin and its derivatives. Current Medicinal Chemistry, 2001, (8): 1827-1839

[10] 王宗德, 孙芳华. 青蒿素理化性质及其测定方法的研究进展. 江西农业大学学报, 1999, 21(4): 606-611

[11] 国家药典委员会. 中华人民共和国药典(二部). 北京: 化学工业出版社, 2005: 309

[12] 赵世善, 曾美怡. 高效液相色谱法测定青蒿植物中的青蒿素. 药物分析杂志, 1986, 6(1): 3-4

[13] 杜小英, 张玲, 石红, 姜锦花. 青蒿素最佳提取工艺研究. 河北中医药学报. 2005, 20(3): 31, 41

[14] 赵兵, 王玉春, 吴江, 闭静秀, 欧阳藩. 青蒿素提取条件研究. 中草药, 2000, 31(6): 421-423

[15] 韦国锋, 覃特营, 莫少泽. 提取青蒿素实验条件的研究. 右江民族医学院学报, 1995, 17(2): 137-139

[16] 邓启华, 李子成, 杨宗伟. 超声波连续逆流提取青蒿素的新工艺. 四川化工, 2008, 11(3): 17-19

[17] Ganzler K, Salgo A, Valko K. Microwave extraction—a novel simple preparation method for chromatography. J Chromatogr, 1986, 371: 299-306

[18] Craveriro A A, Matos F J. Microwave oven extraction of essential oil. Flavour Fragrance J, 1989, 4(1): 43-46

[19] Jean F I, Collin G J, Lord D. Essential oils and microwave extracts of cultivated plants. Perfum Flavor, 1992, 17(3): 35-41

[20] 梁忠生. 青蒿微波预处理对青蒿素提取产率的影响研究. 中南药学, 2004, 2(6): 342-344

[21] 喻凌寒, 宋之光, 陈江韩, 牟德海, 苏流坤, 腾久. 快速溶剂萃取反相高效液相色谱法测定青蒿中的青蒿素. 分析实验室, 2006, 25(8): 68-71

[22] 周毅峰, 石开明, 艾训儒, 皱芙蓉, 丁莉. 快速溶剂萃取法提取青蒿素条件研究. 中药材, 2008, 31(2): 296-298

[23] 阮栋梁, 王丰玲, 张英锋, 郑向军. 青蒿素的制备、用途和展望. 渤海大学学报(自然科学版), 2007, 28(2): 108-112

[24] Quispe-Condori S, Sanchez D, Foglio M A, Rosa P T V, Zetzl C, Brunner G, Meirelesa M A A. Global yield isotherms and kinetic of artemisinin extraction from *Artemisia annua* L. leaves using supercritical carbon dioxide. J Supercritical Fluids, 2005, 36: 40-48

[25] 钱国平, 杨亦文, 吴彩娟, 任其龙. 超临界 CO_2 从黄花蒿中提取青蒿素的研究. 化工进展, 2005, 24(3): 286-290

[26] 韦国锋, 黄祖良, 何有成. 大孔吸附树脂提取青蒿素的研究. 离子交换与吸附, 2007, 23(4): 373-377

[27] 张玲, 杜小英, 姜锦花. 青蒿素提取分离工艺研究. 现代中药研究与实践, 2005, 19(6): 57-58

[28] 胡淼, 钱国平, 苏宝根, 鲍宗必, 任其龙. 硅胶柱层析纯化青蒿素. 华西药学杂志, 2005, 20(4): 283-285

[29] 金玲, 居明秋. 引种青蒿中青蒿素含量的测定. 基层中药杂志, 1998, 12(3): 34

[30] 沈旋坤, 严克东. 紫外分光光度法测定青蒿素含量. 药物分析杂志, 1983, 3(1): 24

[31] 李春莉, 王莎莉, 王亚平, 柯大志. 紫外分光光度法测定青蒿素的含量. 重庆医科大学学报, 2007, 32(4): 413-415

[32] 周浓, 段意梅, 陈强. 青蒿素含量测定方法改进及青蒿植物质量评价. 时珍国医国药, 2008, 19(4): 911-912

[33] 赵永成, 刘荣, 赵正荣, 李德勋. 昭通产青蒿植物中青蒿素的分析研究. 基层中药杂志, 2001, 15(2): 7-8

[34] 刘炳玉, 田惠君, 崔进, 宋占军. 青蒿素的红外光谱定量测定. 药物分析杂志, 1994, 14(4): 47-48

[35] 刘浩, 黄艳萍, 相秉仁, 屈凌波. 青蒿中青蒿素的近红外光谱法测定. 中国医药工业杂志, 2007, 38(8): 584-587

[36] 张荣沭, 赵敏, 韩颂. 引种的不同种源黄花蒿青蒿素的含量研究. 林产化学与工业, 2008, 28(6): 83-87

[37] Peng C A, Ferreira J F S, Wood A J. Direct analysis of artemisinin from *Artemisia annua* L. using high-performance liquid chromatography with evaporative light scattering detector, and gas chromatography with flame ionization detector. J Chromatogr A, 2006, 1133: 254-258

[38] 赵兵, 王玉春, 吴江, 欧阳藩. 超声波用于强化石油醚提取青蒿素. 化工冶金, 2000, 21(3): 310-313

[39] 王剑文, 郑丽屏, 谭仁祥. 促进青蒿发根青蒿素合成的内生真菌诱导子的制备. 生物工程学报, 2006, 22(5): 829-834

[40] Nieuwerburgh F C W V, Casteele S R F V, Maes L, Goossens A, Inzé D, Bocxlaer J V, Deforce D L D. Quantitation of artemisinin and its biosynthetic precursors in *Artemisia annua* L. by high performance liquid chromatography-electrospray quadrupole time-of-flight tandem mass spectrometry. J Chromatogr A, 2006, 1118: 180-187

[41] 刘丽芳, 王茜, 李海燕, 黄丽, 包刷旺. 柱前衍生-RP-HPLC 法测定青蒿中青蒿素的含量. 中国野生植物资源, 2004, 23(6): 60-62

[42] 申薇薇, 王锐利, 胡爽, 李慧, 贾佳, 张淑秋. 高效液相-柱后衍生法测定青蒿素含量. 中国药物与临床, 2007, 7(9): 657-659

[43] 陈迪钊, 刘坚. 青蒿素的热稳定行为及气相色谱分析. 怀化学院学报, 2006, 25(8): 62-64

[44] 郭燕, 王俊, 陈正堂. 青蒿素类药物的药理作用新进展. 中国临床药理学与治疗学, 2006, 11(6): 615-620

[45] 徐振海. 青蒿素药物作用研究简介. 安徽预防医学杂志, 2004, 10(3): 181-182

[46] Pandey A V, Tekwani B L, Singh R L, Chauhan V S. Artemisinin, an endoperoxide antimalarial, disrupts the hemoglobin catabolism and heme- detoxification systems in malarial parasite. J Biol Chem, 1999, 274: 19383-19388

[47] Dorn A, Vippagunta S R, Matile H, Jaquet C, Vennerstram J L, Ridley R G. An assessment of drug-haematin binding as a mechanism for inhibition of haematin polymerisation by quinoline antimalarials. Biochem Pharmacol, 1998, 55: 727-736

[48] Hoppe H C, Schalkwyk D A V, Wiehart U I M, Meredith S A, Egan J, Weber B W. Antimalarial quinolines and artemisinin inhibit endocytosis in *Plasmodium falciparum*. Antimicrob Agents Chemother, 2004, 48: 2370-2378

[49] Aldieri E, Atragene D, Bergandi L, Riganti C, Costamagna C, Bosia A, Ghigo D. Artemisinin inhibits inducible nitric-oxide synthase and nuclear factor NF-kB activation. FEBS Lett, 2003, 552: 141-144

[50] Eckstein-Ludwig U, Webb R J, van Goethem I D, East J M, Lee A G, Kimura M, O'Neill P M, Bray P G, Ward S, Krishna S. Artemisinin target the SERCA of Plasmodium falciparum. Nature, 2003, 424: 957-964

[51] Ridley R G. To kill a parasite. Nature, 2003, 424: 887-893

[52] 梅林, 石开云, 苏建华, 查忠勇, 刘凌云. 青蒿素国内研究进展. 激光杂志, 2008, 29(2): 95-96

[53] 张剑锋, 闻礼永. 抗日本血吸虫药物作用机制的研究进展. 国外医学·流行病学传染病学分册, 2004, 31(6): 368-370

[54] 崔金凤. 治疗血吸虫病药物综述. 安徽预防医学杂志, 2005, 11(3): 172-173

[55] 杨翠萍. 青蒿素及其衍生物抗弓形虫的研究进展. 国际医学寄生虫病杂志, 2006, 33(3): 160-162

[56] 邓定安. 有抗肿瘤活性的青蒿素衍生物. 药学学报, 1992, 27(4): 317-320

[57] Efferth T, Dunstan H, Sauerbrey A, Miyachi H, Chitambar C R. The anti-malarial artemisinin is also active against cancer. Int J Oncol, 2001, 18(4): 767-773

[58] Singh N P, Lai H. Selective toxicity of dihydroartemisinin and holotransferrin toward human breast cancer cells. Life Sciences, 2001, 70: 49-56

[59] 温悦, 孟德胜. 青蒿素类药物药理作用研究进展. 医药导报, 2007, 26(10): 1193-1195

[60] 易剑峰, 王珏, 林色奇, 吕爱平. 青蒿素及其衍生物免疫调节研究概况. 江西中医学院学报, 2006, 18(2): 69-71

[61] 郑全芳, 杨志刚, 孙红祥. 青蒿素及其衍生物药理作用研究进展. 中国兽药杂志, 2006, 40(1): 40-44

[62] 贺小青, 方鹏飞. 青蒿素及其衍生物的药理作用. 医药导报, 2006, 25(6): 528-530

[63] 胡世林, 许有玲. 纪念青蒿素 30 年. 世界科学技术-中医药现代化, 2005, 7(2): 1-2

[64] 韦霄, 李锋, 许成琼, 傅秀红. 不同栽培措施对青蒿产量和青蒿素含量的影响. 广西科学院学报, 1999, 15(3): 132-136

[65] 岑丽华, 徐良, 黄荣刚, 陈楚, 华闫, 花刘林. 不同纬区及不同栽培立地条件对青蒿青蒿素含量的影响. 安徽农学通报, 2007, 13(13): 46-47

[66] 钟国跃, 周华蓉, 凌云, 胡鸣, 赵萍萍. 青蒿优质种质资源的研究. 中草药, 1998, 29(4): 264-266

[67] 杨水平, 杨宪, 黄建国, 丁德容. 青蒿素生产研究进展. 热带亚热带植物学报, 2004, 12(2): 189-194

[68] 陈定如, 林伙, 郭贵仲, 范征广. 黄花蒿的栽培. 中草药, 1980, 11(5): 227-228

[69] 韦美丽, 崔秀明, 陈中坚, 孙玉琴, 冯光泉, 朱艳. 黄花蒿栽培研究进展. 现代中药研究与实践, 2005, 19(5): 60-64

[70] 钟凤林, 陈和荣, 陈敏. 青蒿最佳采收时期、采收部位和干燥方式的实验研究. 中国中药杂志, 1997, 22(7): 405-406

[71] 齐向娟, 李士雨, 何玉娟. 天津地区青蒿中青蒿素测定. 中草药, 2006, 37(3): 449-450

[72] 陈强, 张积强. 青蒿素的提取、分离和测定. 宝鸡文理学院学报(自然科学版), 1999, 19(1): 47-48

[73] 李吉和, 张慧灵, 李小玲, 梁彩云. 内蒙古地区青蒿中青蒿素的 SFE-HPLC 测定. 中药材, 2000, 23(12): 756-758

[74] Woerdenbag H J, Pras N, Chan N G, Bang B T, Bos R, van Uden W, Van Y P, van Boi N, Batterman S, Lugt C B. Artemisinin related sesquiterpenes and essential oil in *Artemisia annua* during a vegtation period in Vietem. Plants Medics, 1994, 60(3): 272-275

[75] Chan K L, Teo C K, Jinadasa S, Yuen K H. Selection of high artemisinin yielding *Artemisia annua*. Plants Medics, 1995, 61(3): 285-287

[76] Charles D J, Simon J E, Wood K V, Heinstein P. Germplasm variation in artemisinin content of *Artemisia annua* using an alternative method of artemisinin analysis from crude plant extracts. J Nat Prod, 1990, 53: 157-160

[77] Trigg P I. Qinghaosu (Artemisinin) as an antimalarial drug. Econ Med Plant Res, 1990, 3: 20-55

[78] Klayman D L. Qinghaosu (Artemisinin): an antimalarial drug from China. Science, 1985, 228(4703): 1049-1055

[79] Laughlin J C. Agricultural production of artemisinin: a review. Trans R Soc Trop Med Hyg, 1994, 88(suppl 1): 21-22

[80] 耿飒, 叶和春, 李国凤, 麻密. 中药青蒿的生理生化特征及其研究进展. 应用与环境生物学报, 2002, 8(1): 90-97

[81] 张萍, 张子忠. 山东引种青蒿青蒿素含量分析. 山东中医药大学学报, 2001, 25(3): 229-231

[82] 韦霄, 李锋. 黄花蒿生物学特性研究. 广西植物, 1997, 17(2): 166-168

[83] 韦记青, 韦霄, 蒋运生, 唐辉, 李锋. 黄花蒿高产栽培技术. 广西农业科学, 2005, 36(5): 472-743

[84] 李典鹏, 梁小燕, 陈秀珍, 陈海珊, 文永新. 采用薄层层析-紫外分光光度法测定广西不同产地青蒿中青蒿素含量. 广西植物, 1995, 15(3): 254-255

[85] 傅德明, 蔡正江, 毛禄国. 青蒿生物学特性及规范化栽培技术. 中国农技推广, 2005, (12): 34-35

[86] 胡四化, 胡家华, 李让平. 青蒿菊花瘿蚊的特征性与综合防治. 广东农业科学, 2006, (8): 66

[87] 陈海梅. 青蒿栽培技术. 特种经济动植物, 2006, (3): 26

[88] Singh A, Vishwakarma R A, Husssin A. Evaluation of *Artemisia annua* strains for higher artemisinin production. Planta Med, 1988, 54: 475

[89] Ferreira J F S, Janick J. Production and detection of artemisinin form *Artemisia annua*. Acta Hort, 1995, 390: 41-49

[90] Ferreira J F S, Charles D, Simon J E, Janick J. Effect of drying methods on the recovery and yield of artemisinin from *Artemisia annua* L. Hort Science, 1992, 27: 650 (Abstr. 565)

[91] 陈平. 黄花蒿资源及开发利用概述. 广西林业科学, 1998, 27(1): 35-36

[92] 陈和荣. 青蒿新品系“京厦Ⅰ号”的选育. 中国技术成果大全, 1992, 1: 186-187

[93] 李锋, 韦霄. 广西黄花蒿类型调查研究. 广西植物, 1997, 7(3): 231-234

[94] 黄正方, 郑贵华, 李成东, 杨美全. 影响青蒿成分(青蒿素)含量的因素研究. 西南大学学报自然科学版, 1997, 19(1): 93-94

[95] Delabays N, Benakis A. Selection and breeding for high arteminin (qinghaosu) yielding strains of *Artemisia annua*. Acta Hort, 1993, 330: 203-207

[96] Pras N, Visser J F, Batterman S, Woerdenbag H J, Malingre T M, Lugt C B. Laboratory selection of *Artemisia annua* L. for high artemisinin yielding types. Phytochem Anal, 1991, 2: 80-83

[97] 刘彦. 青蒿素生物合成相关基因的克隆、大肠杆菌表达与分子分析. 中国科学院研究生院博士学位论文. 2002, 15

[98] Elhag H M, El-Domiaty M M, El-Feraly F S, Mossa J S, El-Olemy M M. Selection and micropropagation of high artemisinin producing clones of *Artemlsia annua* L. Phytother Res, 1992, 6: 20-24

[99] Ferreira J F S，Simon J E, Janick J. Developmental studies of *Artemisia annua* flowering and artemisinin production under greenhouse and field conditions. Plants Med, 1995, 61: 167-170

[100] Sangwan R S, Sangwan N S, Jain D C, Kumar S, Ranade S A. RAPD profile based genetic characterization of chemotypic variants of *Artemisia annua* L. Biochem Mol Biol Int, 1999, 47: 935-944

[101] Wallaart T E, Pras N, Quax W J. Seasonal variation of artemisinin and its biosynthetic precursors in tetraploid *Artemisia annua* plants compared with the diploid wild-type. Planta Med, 1999, 65: 723-728

[102] 刘春朝, 王玉春, 欧阳藩, 叶和春, 李国风. 青蒿素研究进展. 化学进展, 1999, 11(1): 41-48

[103] Enserink M. Infectious diseases: source of new hope against malaria is in short supply. Science, 2005, 307(5706): 33

[104] Bouwmeester H J, Wallaart T E, Janssen M H, van Loo B, Jansen B J, Posthumus M A, Schmidt C O, de Kraker J W, König W A, Franssen M C. Amorpha-4-11-diene synthase catalyses the first probable step in artemisinin biosynthesis. Phytochemistry, 1999, 52: 843-854

[105] Picausd S, Mercke P, He X, Sterner O, Brodelius M, Cane D E, Brodelius P E. Amorpha-4,11-diene synthase: mechanism and stereochemistry of the enzymatic cyclization of farnesyl diphosphate. Archies Biochem Biophy, 2006, 448: 150-155

[106] de Kraker J W, Franssen M C, Dalm M C, de Groot A, Bouwmeester H J. Biosynthesis of germacrene A carbosylic acid in chicory roots. Demonstration of a cytochrome P450 (+)-germacrene a hydroxylase and $NADP^+$-denpendent sesquiterpenoid dehy-drogenase(s) involved in sesquiterpene lactone biosynthesis. Plant Physiol, 2001, 125(4): 1930-1940

[107] Bertea C M, Freije J R, van der Woude H, Verstappen F W A, Perk L, Marquez V, de Kraker J W, Posthumus M A, Jansen B J M, de Groot A, Franssen M C R, Bouwmeester H J. Identification of intermediates and enzymes involed in the early steps of artemisinin biosynthesis in *Artemisia annua*. Planta Med, 2005, 71: 40-47

[108] Bogers R J, Craker L E, Langer D. Medicinal and Aromatic Plants. Amsterdam: Springer, 2006: 162

[109] TeohK H, Polichuk D R, Reed D W, Nowak G, Covello P S. *Artemisia annua* L. (Asteraceae) trichome-specific cDNAs reveal CYP71AV1, a cytochrome P450 with a key role in the biosynthesis of the antimalarial sequiterpene lactone artemisinin. FEBS Lett, 2006, 580: 1411-1416

[110] Ro D K, Paradise E M, Ouellet M, Fisher K J, Newman K L, Ndungu J M, Ho K A, Eachus R A, Ham T S, Kirby J, Chang M C, Withers S T, Shiba Y, Sarpong R, Keasling J D. Production of the antimalarial drug precursor artemisinic acid in engineered yeast. Nature, 2006, 440(7086): 940-943

[111] Gaur R, Darokar M P, Ajayakumar P V, Shukla R S, Bhakuni R S. *In vitro* antimalarial studies of novel artemisinin biotransformed products and its derivatives. Phytochemistry, 2014, 107: 135-140

[112] Dhingra V, Rajoli C, Narasu M L. Partial purification of proteins involved in the bioconversion of arteannuin B to artemisinin. Bioresour Technol, 2000, 73: 279-282

[113] Dhingra V, Rajoli C, Narasu M L. Purification and characterization of enzyme involved in the bioconversion of arteannuin B to artemisinin. Biochem Biophys Res Commun, 2001, 281: 558-561

[114] Tatineni R, Doddapaneni K K, Dalavayi S, Kulkarni S M, Mangamoori L N. Microbacterium trichotecenolyticum enzyme mediated transformation of arteannuin B to artemisinin. Process Biochem, 2006, 41(12): 2464-2467

[115] Schramek N, Wang H, Romisch-Margl W, Keil B, Radykewicz T, Winzenhörlein B, Beerhues L, Bacher A, Rohdich F, Gershenzon J, Liu B, Eisenreich W. Artemisinin biosynthesis in growing plants of *Artemisia annua*. A $^{13}CO_2$ study. Phytochemistry, 2010, 71(2): 179-187

[116] Wallaart T E, van Uden W, Lubberink H G, Woerdenbag H J, Pras N, Quax W J. Isolation and identification of dihydroartemisinic acid from *Artemisia annua* and its possible role in the biosynthesis of artemisinin. J Nat Prod, 1999, 62(3): 430-433

[117] Wallarrt T E, Pras N, Quax W J. Isolation and identification of dihydroartemisinic acid hydroperoxide from *Artemisia annua*: a novel biosynthetic precursor of artemisinin. J Nat Prod, 1999, 62: 1160-1162

[118] Sy L K, Brown G D. The mechanism of the spontaneous autoxidation of dihydroartemisinic acid. Tetrahedron, 2002, 58: 879-908

[119] Sy L K, Brown G D. The role of the 12-carboxylic acid group in the spontaneous autoxidation of dihydroartemisinic acid. Tetrahedron, 2002, 58: 909-923

[120] 刘硕谦, 田娜, 李娟, 刘仲华, 黄建安. 青蒿素组合生物合成的研究进展. 中草药, 2007, 38(9): 1425-1431

[121] Brown G D, Sy L K. *In vivo* transformations of dihydroartemisinin acid in *Artemisia annua* Plants. Tetrahedron, 2004, 60: 1139-1159

[122] Leyes A E, Baker J A, Hahn F M, Poulter C D. Biosynthesis of isoprenoids in *Escherichia coli*: stereochemistry of the reaction catalyzed by isopentenyl diphosphate: dimethylallyl diphosphate isomerase. Chem Commun, 1999: 717-728

[123] Sandmann G. Combinatorial biosynthesis of carotenoids in a heterologous host: a powerful approach for the biosynthesis of novel structures. Chem BioChem, 2002, 3: 629-635

[124] Huang Q L, Roessner C A, Croteau R, Scott A I. Engineering *Escherichia coli* for the synthesis of taxadiene, a key intermediate in the biosynthesis of taxol. Bioorg Med Chem, 2001, 9(9): 2237-2242

[125] Cunningham F X, Lafond T P, Gantt E. Evidence of a role for LytB in the nonmevalonate pathway of isoprenoid biosynthesis. J Bacteriol, 2000, 182(20): 5841-5848

[126] Martin V J, Pitera D J, Withers S T, Newman J D, Keasling J D. Engineering a mevalonate pathway in *Escherichia coli* for production of terpenoids. Nat Biotechnol, 2003, 21(7): 796-802

[127] Zahiri H S, Yoon S H, Keasling J D, Lee S H, Kim S W, Yoon S C, Shin Y C. Coenzyme Q10 production in recombinant *Escherichia coli* strains engineered with a heterologous decaprenyl diphosphate synthase gene and foreign mevalonage pathway. Metabolic Eng, 2006, 8: 406-416

[128] Martin V J J, Yoshikuni Y, Keasling J D. The *in vivo* synthesis of plant sesquiterpenes by *Escherichia coli*. Biotechnol Bioeng, 2001, 75: 497-503

[129] Pitera D J, Paddon C J, Newmanand J D, Keasling J D. Balancing a heterologous mevalonate pathway for improved isoprenoid production in *Escherichia coli*. Metabolic Eng, 2007, 9(2): 193-207

[130] Lindahl A L, Olsson M E, Mercke P, Tollbom O, Schelin J, Brodelius M, Brodelius P E. Production of the artemisinin precursor amorpha-4,11-diene by engineered *Saccharomyces cerevisiae*. Biotechnol Lett, 2006, 28(8): 571-580

[131] Hampton R, Dimster-Denk D, Rine J. The biology of HMG-CoA reductase: the pros of contra-regulation. Trends Biochem Sci, 1996, 21: 140-145

[132] Donald K, Hampton R, Fritz I. Effects of overproduction of the catalytic domain of 3-hydroxy-3-methylglutaryl coenzyme A reductase on squalene synthesis in *Saccharomyces cerevisiae*. Appl Environ Microbiol, 1997, 63: 3341-3344

[133] Starari V J, Escalante-Semerana J C. Identification of the protein acetyltransferase (Pat) enzyme that acetylates acetyl-CoA synthetase in *Salmonella enterica*. J Mol Biol, 2004, 340: 1005-1012

[134] Shiba Y, Paradise E M, Kirby J, Ro D K, Keasling J D. Engineering of the pyruvate dehydrogenase bypass in *Saccharomyces cerevisiae* for high-level production of isoprenoids. Metabolic Eng, 2007, 9(2): 160-168

[135] 王慧, 刘志华, 吕曼曼, 唐磊, 范海娟, 朱国栋, 张荣沭. 棘孢木霉菌对山新杨移栽苗叶片光合特性的影响. 北方园艺, 2013, 23(1): 78-82

[136] 穆红梅, 杨重军, 何宝玉. 哈茨木霉对三种作物种子萌发及生长的影响. 东北农业科学, 2014, 39(5): 5-7

[137] 常媛, 杨兴堂, 姜传英, 姚志红, 贾让, 任龙辉, 张荣沭. 一株能拮抗 3 种土传病害病原真菌的长枝木霉. 草业科学, 2017, 34(2): 246-254

[138] Lorito M, Woo S L, Harman G E, Monte E. Translational research on *Trichoderma*: from omics to the field. Annu Rev Phytopathol, 2010, 48: 395-418

[139] Yao Z H, Baloch A M, Liu Z H, Zhai T T, Jiang C Y, Liu Z Y, Zhang R S. Cloning and characterization of an AUX/IAA gene in *Populus davidiana×P. alba* var. *pyramidalis* and the correlation between its time-course expression and the levels of indole-3-acetic in saplings inoculated with *Trichoderma*. Pak J Bot, 2018, 51(1): 169-177

[140] 郭润芳, 刘晓光, 高克祥, 高宝嘉, 史宝胜, 甄志先. 拮抗木霉菌在生物防治中的应用与研究进展. 中国生物防治学报, 2002, 18(4): 180-184

[141] Gravel V, Antoun H, Tweddell R J. Growth stimulation and fruit yield improvement of greenhouse tomato plants by inoculation with *Pseudomonas putida* or *Trichoderma atroviride*: possible role of indole acetic acid (IAA). Soil Biol Biochem, 2007, 39(3): 1968-1977

[142] Lugtenberg B, Kamilova F. Plant-growth-promoting rhizobacteria. Annu Rev Microbiol, 2009, 63(3): 541-556

[143] Viterbo A, Landau U, Kim S, Chernin L, Chet I. Characterization of ACC deaminase from the biocontrol and plant growth-promoting agent *Trichoderma asperellum* T203. FEMS Microbiol Lett, 2010, 305(1): 42-48

[144] Morán-Diez E, Rubio B, Domínguez S, Hermosa R, Monte E, Nicolás C. Transcriptomic response of *Arabidopsis thaliana* after 24 h incubation with the biocontrol fungus *Trichoderma harzianum*. J Plant Physiol, 2012, 169(6): 614-620

[145] Harman G E, Howell C R, Viterbo A, Chel I, Lorito M. Trichoderma species-opportunistic, avirulent plant symbionts. Nat Rev Microbiol, 2004, 2(2): 43-56

[146] Mayo S, Gutiérrez S, Malmierca M G, Lorenzana A, Campelo M P, Hermosa R, Casquero P A. Influence of *Rhizoctonia solani* and *Trichoderma* spp. in growth of bean (*Phaseolus vulgaris* L.) and in the induction of plant defense-related genes. Front Plant Sci, 2015, 6: 685

[147] Vitti A, Monaca E L, Sofo A, Scopa A, Cuypers A, Nuzzaci M. Beneficial effects of *Trichoderma harzianum* T-22 in tomato seedlings infected by Cucumber mosaic virus (CMV). Biocontrol, 2015, 60(1): 135-147

[148] Bae H, Roberts D P, Lim H S, Strem M D, Park S C, Ryu C M, Melnick R L, Bailey B A. Endophytic *Trichoderma* isolates from tropical environments delay disease onset and induce resistance against *Phytophthora capsici* in hot pepper using multiple mechanisms. Mol Plant Microbe In, 2011, 24(3): 336-351

[149] Dong X C, Fan J H, Yu X N. Cloning and Sequencing of PtIAA1 from *Populus tomentosa*, a Member of the *Aux/IAA* Gene Family. Mol Plant Breeding, 2007, 5(4): 565-571

[150] Howell C R. Mechanisms employed by *Trichoderma* species in the biological control of plant diseases: the history and evolution of current concepts. Plant Disease, 2002, 87(1): 4-10

[151] 吴利民, 郭立季, 陆宁海, 徐瑞富. 木霉对番茄种子活力及幼苗生长的影响. 安徽农业科学, 2006, 34(21): 5482-5492

[152] Windham M T, Eland Y, Baker R. A mechanism for increased plant growth induced by *Trichoderma* spp. Phytopathology, 1986, 76(5): 518-521

[153] 陆宁海, 徐瑞富, 房振宏, 吴利民, 李小红, 邵刚峰. 哈茨木霉对小麦和玉米幼苗生长的影响. 江苏农业学报, 2005, 21(3): 238-240

[154] Harman G E, Taylor A G, Stasz T E. Combining effective strains of *Trichoderma harzianum* and solid matrix priming to improve biological seed treatments. Plant Dis, 1989, 73(8): 631-637

[155] 王慧中, 赵培洁. 有机肥在马铃薯上的应用. 江西农业学报, 2002, 14(1): 41- 43

[156] 陈建爱, 王未名, 刘益同. 生物复合肥木霉 T1010 对花生生长的影响. 花生学报, 2008, 37(3): 29-32

[157] Dennis C, Webster J. Antagonistic properties of species-groups of *Trichoderma*: Ⅱ. Production of volatile antibiotics. Transactions of the British Mycological Society, 1971, 57(3): 363, IN1-369, IN2

[158] Yoshioka Y, Ichikawa H, Naznin H A, Kogure A, Hyakumachi M. Systemic resistance induced in *Arabidopsis thaliana* by *Trichoderma asperellum* SKT-1, a microbial pesticide of seedborne diseases of rice. Pest Manag Sci, 2015, 68 (1): 60-68

[159] 焦琮，路炳声. 康氏木霉制剂对棉花和菜豆幼苗几个生理生化指标的影响. 中国生物防治，1995，11(1): 30-32

[160] 刘连妹，钱雯霞，屈海泳. 哈茨木霉孢子悬浮液对番茄幼苗生长及抗氧化酶活性的影响. 江苏农业科学，2007，(4): 96-98

[161] 孙锋. 木霉发酵产物对抗虫棉种子萌发及苗期生长的影响. 作物杂志, 2009, (2): 33-35

[162] 燕嗣皇，吴石平，陆德清，陈小均. 木霉生防菌对根际微生物的影响与互作. 西南农业学报，2005，18(1): 40-46

[163] Dandurand L M, Knudsen G R. Influence of *Pseudomonas fluorescens* on hyphal growth and biocontrol activity of *Trichoderma harzianum* in the spermosphere and rhizosphere of pea. Phytopathology, 1993, 83 (3): 265-270

[164] Biorkman T, Blanchard L M, Harman G E. Growth enhancement of shrunken-22 (sh2) sweet by *Trichoderma harizanum* 1295-22 effect of environmental stress. J Am Soc Hortic Sci, 1998, 123: 35-40

[165] 巩赫欣，王慧，杨睿，李敏，郭宇萌，商双骄，张荣沭. 木霉菌对杨树生长量及土壤水解氮含量的影响. 黑龙江农业科学, 2014, (2): 4-49

[166] 吕曼曼，刘志华，王慧，朱国栋，杨兴堂，张荣沭. 棘孢木霉对杨树苗栽培土理化性质及养分的影响. 植物研究, 2015, 35 (2): 289-296

[167] Contreras-Cornejo H A, Macías-Rodríguez L, Cortés-Penagos C, López-Bucio J. *Trichoderma virens*, a plant beneficial fungus, enhances biomass production and promotes lateral root growth through an auxin-dependent mechanism in *Arabidopsis*. Plant Physiol, 2009, 149 (3): 1579-1592

[168] Ezzi M I, Lynch J M. Cyanide catabolizing enzymes in *Trichoderma* spp. Enzyme Microb Tech, 2002, 31 (7): 1042-1047

[169] Adams P, de-Leij F, Lynch J M. *Trichoderma harzianum* Rifai 1295-22 mediates growth promotion of crack willow (*Salix fragilis*) saplings in both clean and metal-contaminated soil. Microb Ecol, 2007, 54 (2): 306-313

[170] 朱国栋，吕曼曼，杨兴堂，王慧，刘志华，张荣沭. 木霉 Ta650 对杨树移栽苗生长及光合特性的影响. 中国农学通报, 2015, 31 (10): 7-12

[171] 陈伯清，屈海泳，刘连妹. 木霉 HT-03 对番茄幼苗叶绿素和保护酶的影响. 江苏农业科学，2007，(3): 112-114

[172] 姜传英，朱国栋，姚志红，杨兴堂，刘志华，张荣沭. 3 个棘孢木霉菌株对山新杨组培移栽苗生长和光合特性的影响. 草业科学, 2016, 33 (6): 1189-1199

[173] 刘照莹，姜传英，翟彤彤，常媛，姚志红，刘志华，张荣沭. 棘孢木霉组合应用对杨树生长和光合特性影响. 植物研究, 2018, 38 (1): 64-74

[174] 陈为京，李润芳，杨焕明，陈爱建. 黄绿木霉 T1010 对日光温室番茄功能叶光合色素含量及光系统 II 光化学效率的影响. 中国农学通报, 2010, 26 (9): 178-183

[175] Shoresh M, Harman G E. The relationship between increased growth and resistance induced in plants by root colonizing microbes. Plant Signaling Behavior, 2008, 3 (9): 737-739

[176] 陆宁海，吴利民，田雪亮，徐瑞富. 哈茨木霉对番茄幼苗促生作用机理的初步研究. 西北农业学报，2007，16 (6):192-194

[177] 李江遐，蒋立科. 木霉菌在坪用黑麦草上的应用效果初报. 草业科学, 2006, 23 (1): 103-105

[178] Mastouri F, Bjorkman T, Harman G E. Seed treatments with *Trichoderma harzianum* alleviate biotic, abiotic and physiological stresses in germinating seeds and seedlings. Phytopathology, 2010, 100: 1213-1221

[179] 范光南, 蔡海洋. 套种绿肥对幼龄龙眼园微生态环境的影响. 福建果树, 2005, (1): 1-3

[180] 汤春梅, 陈秀蓉, 姚拓, 龙瑞军. 九种根际促生菌最适培养条件初探草原与草坪. 草原与草坪, 2005, (3): 27-30

[181] 尹瑞龄, 许月蓉, 顾命贤. 解磷接种物对垃圾堆肥中难溶性磷酸盐的转化及在农业上的应用. 应用与环境生物学报, 1995, (4): 371-378

[182] 姚拓, 龙瑞军, 王刚, 胡自治. 兰州地区盐碱地小麦根际联合固氮菌分离及部分特性研究. 土壤学报, 2004, (3): 444-448

[183] 刘健, 李俊, 葛诚. 菌肥机理的研究新进展. 微生物学杂志, 2001, 21(3): 33-36

[184] Urbanek E, Bodi M, Doerr S H, Shakesby R A. Influence of initial water content on the wettability of autoclaved soils. Soil Sci Soc Am J, 2010, 74: 2086-2088

[185] Yadav R L, Shukla S K, Suman A, Singh P N. *Trichoderma* inoculation and trash management effects on soil microbial biomass, soil respiration, nutrient uptake and yield of ratoon sugarcane under subtropical conditions. Biol Fert Soils, 2009, 45(5): 461-468

[186] Tripathi P, Singh P C, Mishra A, Chauhan P S, Dwivedi S, Bais R T, Tripathi R D. *Trichoderma*: a potential bioremediator for environmental clean up. Clean Technol Envir, 2013, 15(4): 541-550

[187] Babu A G, Shim J, Bang K S, Shea P J, Oh B T. *Trichoderma virens* PDR-28: a heavy metal-tolerant and plant growth-promoting fungus for remediation and bioenergy crop production on mine tailing soil. Envir Manage, 2014, 11(132): 129-34

[188] Saravanakumar K, Arasu V S, Kathiresan K. Effect of *Trichoderma* on soil phosphate solubilization and growth improvement of *Avicennia marina*. Aquatic Botany, 2013, 104(1): 101-105

[189] 陈建爱, 杜芳岭. 黄绿木霉 T1010 对樱桃番茄横向土壤环境性状改良效果研究. 农学学报, 2011, 4: 36-41

[190] 陈泉, 赵晓燕, 李纪顺, 杨合同. 木霉与土壤生态环境关系研究综述. 台湾农业探索, 2013, 125(6): 66-68

[191] Singh R, Singh R, Soni S K, Singh S P, Chauhan U K, Kalra A. Vermicompost from biodegraded distillation waste improves soil properties and essential oil yield of *Pogostemon cablin* Benth. Appl Soil Ecol, 2013, 70(70): 48-56

[192] 谷祖敏, 周飞, 毕卉, 李宝聚. 绿色木霉复配有机肥的筛选及对黄瓜枯萎病的防治作用. 土壤通报, 2015, 46(2): 453-457

[193] Rawat R, Tewari L. Effect of abiotic stress on phosphate solubilization by biocontrol fungus *Trichoderma* spp. Curr Microbiol, 2011, 62(5): 1521-1526

[194] Vargas W A, Djonovic S, Sukno S A, Kenerley C M. Dimerization controls the activity of fungal elicitors that trigger systemic resistance in plants. Journal Of Biological Chemistry, 2008, 283(28): 19804-19815

[195] 朱卫平. 野生青蒿的引种驯化和高青蒿素含量栽培品种选育目标性状的研究. 湖南农业大学博士学位论文, 2003: 15, 37

[196] 邓素兰, 余继宏, 毛丽梅. 青蒿中青蒿素的提取分离研究. 安徽农学通报, 2007, 13(5): 31-34

[197] 王铁. 青蒿素最佳提取工艺研究. 河南农业科学, 2007, (7): 84-86

[198] 黄海滨, 奉建芳. RP-HPLC 测定青蒿中青蒿素的含量. 广西大学学报(自然科学版), 1994, 19(2): 194-196

[199] Ferreira J F S, Simon J E, Janick J. *Artemisia annua*: botany, horticulture, pharmacology. Hortic Reviews, 1997, 19: 319-371

[200] 朱卫平, 盛孝邦. 青蒿素的组织化学定位及其含量相关性研究. 中草药, 2003, 34(9): 852-854

[201] 陈立亭, 孙玉亭. 黑龙江省气候与农业. 北京: 气象出版社, 2000: 1-3
[202] 郭家林, 姬菊枝. 哈尔滨市气候预测及其对生态环境的影响. 北京: 气象出版社, 2000: 1, 2, 4, 10, 12, 14, 16, 104
[203] 陈福泰, 张桂花. 药用青蒿植株中青蒿素合成的若干生理因子的研究. 植物生理学通讯, 1987, (5): 26-30
[204] Ferreira J F S, Simon J E, Janick J. Developtmental studies of *Artemisia annua* L. Int J Plant Sci, 1993, 154(1): 107-118
[205] 李国栋, 周全, 赵长文, 罗逢伊, 黄立峰. 青蒿素类药物的研究现状. 中国药学杂志, 1998, 33(7):385-389
[206] 陈金娥, 赵晓梅, 张海容. 青蒿不同组织采集时期和干燥方式对青蒿素含量影响研究. 生物学通报, 2012, 47(9):50-51
[207] 江苏新医学院. 中药大辞典·下册. 上海: 上海科学技术出版社, 1977: 2052
[208] Laughlin J C. Effect of agronomic practices on plant yield and antimalarial constituents of *Artemisia annua* L. Acta Hort, 1993, 33: 53-61
[209] 农业部种植业管理司, 全国农业技术推广服务中心. 测土配方施肥技术. 北京: 中国农业出版社, 2006: 3
[210] 彭剑涛. 植物生长调节剂和除草剂使用技术. 上海: 上海科学普及出版社, 2000: 4-22
[211] 刘春朝, 王立春, 叶和春. 青蒿素生物合成研究进展. 天然产物研究与开发, 2000, 12(1): 83-86
[212] 李弘剑, 张毅. 青蒿培养细胞中青蒿素生物合成代谢的体外调节. 中国生物化学与分子生物学学报, 1999, 15(3): 479-483
[213] Srivastava N K, Sharma S. Influence of micronutrient imbalance on growth and artemisinin content in *Artemisia annua*. Indian J Pharm Sci, 1990, 2: 225-227
[214] 萧浪涛, 王少先, 彭克勤, 夏石头, 曹庸, 刘华英. 自然干旱胁迫下配方肥增效剂对水稻内源激素的影响. 中国水稻科学, 2005, 19(5): 417-421
[215] Liersch R, Soicke H, Stehr C, Tullner H U. Formation of artemisinin in *Artemisia annua* during one vegetation period. Planta Med, 1986, 52: 387-390
[216] Shukla A, Farooqi-Abad A H, Shukla Y N, Sharma S. Effect of triacontanol and chlormequat on growth, plant hormones and artemisinin yield in *Artemisia annua* L. Plant Grow Regul, 1992, 11: 165-171
[217] 杨再强, 王立新. 观赏植物辐射诱变育种研究进展. 四川林业科学, 2006, 27(3): 19-23
[218] 冯璐, 那日. 植物育种的物理学方法. 草业科学, 2005, 22(12): 63-66
[219] 杨海梅, 李明思, 谢云. 青蒿耗水及生长规律试验研究. 石河子大学学报, 2005, 23(3): 339-341
[220] 王三根, 梁颖. 中药青蒿的生态生理及其综合利用. 中国野生植物资源, 2003, 8: 47-49
[221] Kumar S, Gupta S K, Singh P, Bajpai P, Gupta M M, Singh D, Gupta A K, Ram G, Shasany A K, Sharma S. High yields of artemisinin by multi-harvest of *Artemisia annua* crops. Industrial Crops and Products, 2004, 19(1): 77-90
[222] Cornelissen J H C, Lavorel S, Garnaier E, Díaz S, Buchmann N, Gurvich D E, Reich P B, Steege H, Morgan H D, Heijden M G A, Pausas J G, Poorter H. A hand book of protocols for standardized and easy measurement of plant functional traits worldwide. Aust J Bot, 2003, 51: 335-380
[223] 陈立新. 土壤实验实习教程. 哈尔滨: 东北林业大学出版社, 2005, 6
[224] 韦国锋, 梁峰, 覃特营. 青蒿素不同提取工艺的研究. 数理医药学杂志, 2002, 15(2): 170-171
[225] 郝金玉, 韩伟, 施超欧, 邓修. 黄花蒿中青蒿素的微波辅助提取. 中国医药工业杂志, 2002,33(8): 385-387
[226] Qureshi M I, Israr M, Abdin M Z, Iqbal M. Responses of *Artemisia annua* L. and salt-induced oxidative stress. Environ Exp Bot, 2005, 53(2)185-193

[227] 吴叶宽，李隆云，马鹏，伍晓丽，李方义，王志学. 锌锰硼对黄花蒿产量和青蒿素含量的影响. 重庆中草药研究, 2011, 35(1): 275-278

[228] 孙年喜，李隆云，钟国跃，马鹏. 不同生长期土壤水分处理对黄花蒿生理特性及产量的影响. 中国中药杂志, 2009, 34(4): 386-389

[229] 徐瑞富，陆宁海，张定法，吴利民. 土壤不同微生物量对木霉菌定殖的影响和木霉菌生态学习性研究. 中国生态农业学报, 2007, 15(1): 207-208

[230] Alexandru M, Lazar D, Ene M, Sesan T E. Influence of some *Trichoderma* species on photosyntesis intensity and pigments in tomatoes. Rom Biotech Lett, 2013, 18(4): 8499-8510

[231] 陈思安，韩颂，赵敏. 产青蒿素作物黄花蒿的研究现状及展望. 黑龙江医药, 2010, 23(6): 891-894

[232] Thuy L B. Rhizosphere competence of two selected *Trichoderma* strains. Acta Phytopathol Entomol Hung, 1991, 26: 327-331

[233] 方仲达. 植病研究法. 北京：中国农业出版社, 1998

[234] Respinis S D, Vogel G, Benagli C, Tonolla M, Petrini O, Samuels G J. MALDI-TOF MS of *Trichoderma*: a model system for the identification of microfungi. Mycological Progress, 2010, 9(1): 79-100

[235] 王亚雄，龙世平，曾利霞，向礼恩，林智，陈敏，廖志华. 过表达HDR和ADS基因对青蒿素生物合成的影响. 药学学报, 2014, 49(9): 1346-1352

[236] Wan X L, Jiang L Y, Zhong H R, Lu Y F, Zhang L L, Wang T. Effects of enzymatically treated *Artemisia annua* L. on growth performance and some blood parameters of broilers exposed to heat stress. Anim Sci J, 2017, doi: 10.1111/asj.12766

[237] Fu J E, Feng L, Wei S G, Ma X J, Huang R S, Feng S X, Dong Q S, Yan Z G . Distinctive morphological characteristics contribute to the identification of *Artemisia annua* L. germplasms with high yield and high artemisinin content. J Appl Res Med Aromatic Plants, 2016, 3(2): 43-47

[238] Pop I A, Oroian I, Lobontiu I, Friss Z. *Artemisia annua* L. culture technology in the climatic conditions in *Transylvania*. Procedia Engineering, 2017, 181: 433-438

[239] Pandey N, Meena R P, Rai S K, Pandey-Rai S. *In vitro* generation of high artemisinin yielding salt tolerant somaclonal variant and development of SCAR marker in *Artemisia annua* L. Plant Cell Tiss Organ Cult, 2016, 127(2): 301-314

[240] Bhattarai A, Ali A S, Kachur S P, Mårtensson A, Abbas A K, Khatib R, Al-Mafazy A W, Ramsan M, Rotllant G, Gerstenmaier J F, Molteni F, Abdulla S, Montgomery S M, Kaneko A, Björkman A. Impact of artemisinin-based combination therapy and insecticide-treated nets on malaria burden in Zanzibar. PLoS Med, 2007, 4(11): e309

[241] Liu B, Wang H, Du Z, Li G, Ye H. Metabolic engineering of artemisinin biosynthesis in *Artemisia annua* L. Plant Cell Rep, 2011, 30(5): 689-694

[242] Keasling J D. Manufacturing molecules through metabolic engineering. Science, 2010, 330(6009): 1355-1358

[243] 顾小龙，陈巍，蔡枫，庞冠，李瑞霞. 配施木霉微生物肥对连作黄瓜的影响. 土壤学报, 2016, 53(5): 1296-1305

[244] Hoyos-Carvajal L, Orduz S, Bissett J. Growth stimulation in bean（*Phaseolus vulgaris* L.）by *Trichoderma*. Biol Control, 2009, 51(3): 409-416

[245] 任轶，李瑞霞，艾昊，蔡枫，顾小龙，余光辉，陈巍. 减施肥条件下木霉 SQR-T037 微生物肥对黄瓜产量、品质及养分利用效率的影响. 江苏农业科学, 2014, 42(2): 143-146

[246] Anusuya D, Jayarajan R. Solubilization of phosphorus by *Trichoderma viride*. Curr Sci, 1998, 74(5): 464-466

[247] Rudresh D, Shivaprakrsh M, Prasad R. Effect of combined application of Rhizobium, phosphate solubilizing bacterium and *Trichoderma* spp. on growth, nutrient uptake and yield of chickpea (*Cicer aritenium* L.). Applied Soil Ecology, 2005, 28(2): 139-146

[248] Zayed G, Abdel-motaal H. Bioactive composts from rice straw enriched with rock phosphate and their effect on the phosphorous nutrition and microbial community in rhizosphere of cowpea. Bioresource Technol, 2005, 96(8): 929-935

[249] 雷红松. 青蒿组培苗的移栽. 特种经济动植物, 2004, 7(2): 31

附　　录

附录中图片彩色版请扫右侧二维码，在“多媒体”中查看。

1　青蒿素提取精制照片

附图 1-1　提取的青蒿素

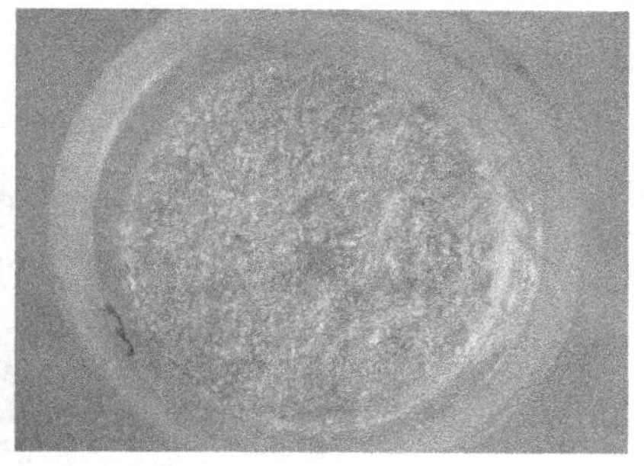

附图 1-2　精制的青蒿素

2　本地野生青蒿照片

附图 2-1　哈尔滨市东北林业大学校园林场野生青蒿

附图 2-2　齐齐哈尔市嫩江边野生现蕾期青蒿

3　温室集成板式纸筒育苗方法

(1) 每册纸筒长×宽×高=40 cm×15 cm×2 cm，1 册纸筒=16 行×50 个/行；

可将纸筒沿宽度剪裁为两部分，这样每册纸筒可变为长×宽×高=40 cm×7.5 cm×2 cm，减少一半成本(附图 3-1)。若每筒 1 株，平均 1 册纸筒最多能育 800 株苗，每平方米最多能育 2617 株苗(附图 3-2)。青蒿种子饱满，大小是实体显微镜下接物测微尺测出的大小(附图 3-3～附图 3-5)。

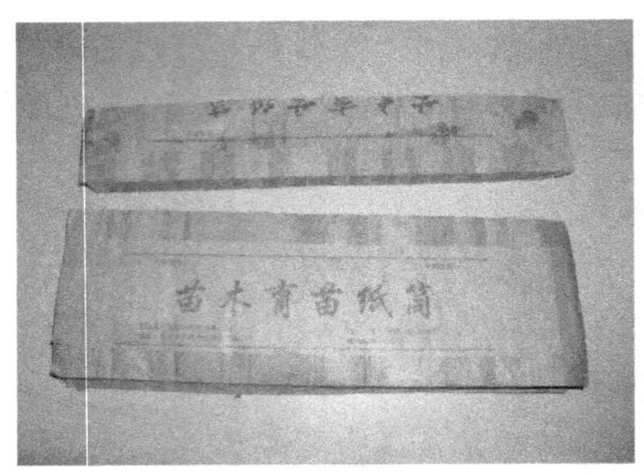

附图 3-1　未展开的(未)裁剪后的集成板式纸筒外观

附图 3-2　未裁剪展开后装好土的集成板式纸筒

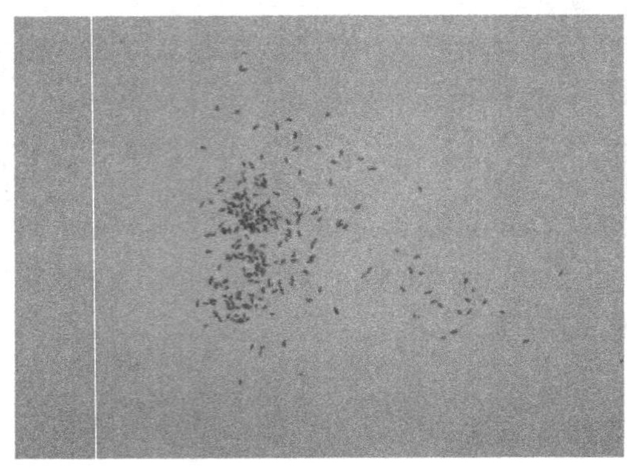

附图 3-3　青蒿种子

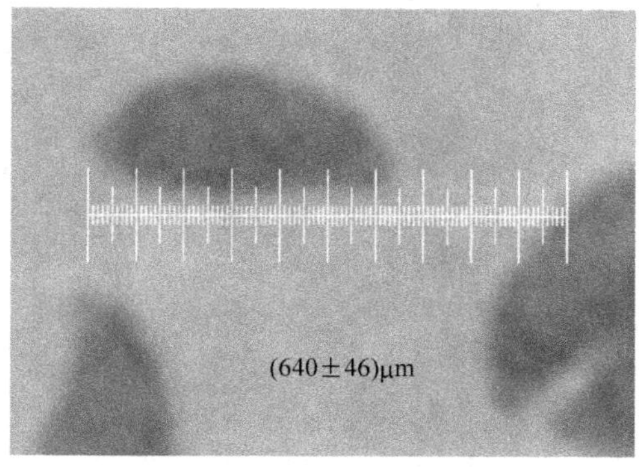

附图 3-4　种子长(640±46) μm (n=20)

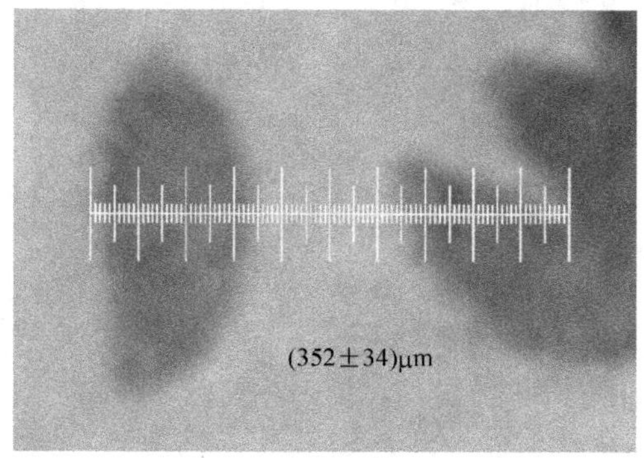

附图 3-5　种子宽(352±34) μm (n=20)

(2) 2007 年装好土及播种后盖上吸水纸的纸筒，纸筒高度为 15 cm，未截短(附图 3-5)。2008 年将纸筒截为两半，长×宽×高=40×7.5×2 (cm^3)。附图 3-6 为播种后盖上吸水纸，再覆薄膜的纸筒，纸筒高度为 7.5 cm，已截短，从照片高度上可见区别。纸筒装土的高度减半，不影响青蒿苗的生长，育苗成本降低一半(附图 3-7，附图 3-8)。

附图 3-6　播种后盖上吸水纸再覆膜的纸筒

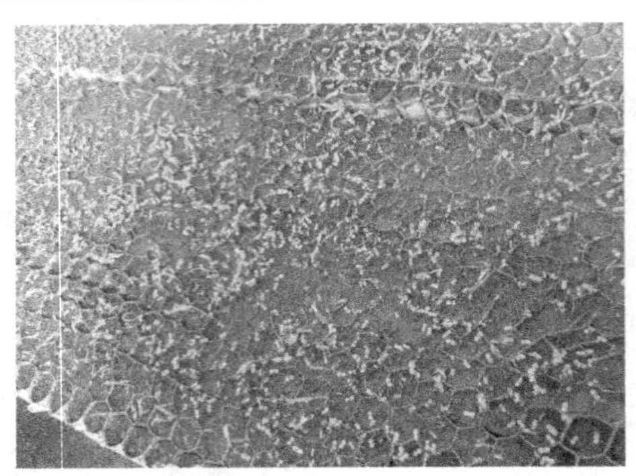

附图 3-7　青蒿播种 6 d 后

附图 3-8　移栽前的青蒿幼苗

4　引种青蒿生长不同时期的照片

(1) 在集成板式纸筒的土上播种后，萌发快于田间播种。发芽长出两片子叶需要 3～6 d(附图 4-1)。

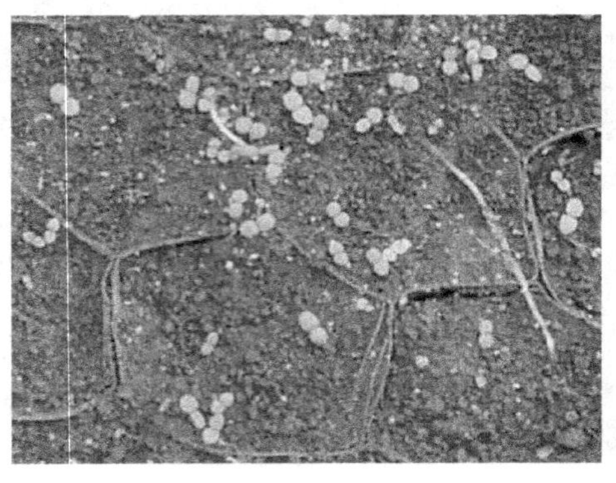

附图 4-1 长出两片子叶的青蒿幼苗

(2)从长出两片子叶到第1对真叶形成需3～5 d时间，第7～10天长出第2对真叶(附图4-2，附图4-3)。

附图4-2　长出第1对真叶的青蒿幼苗

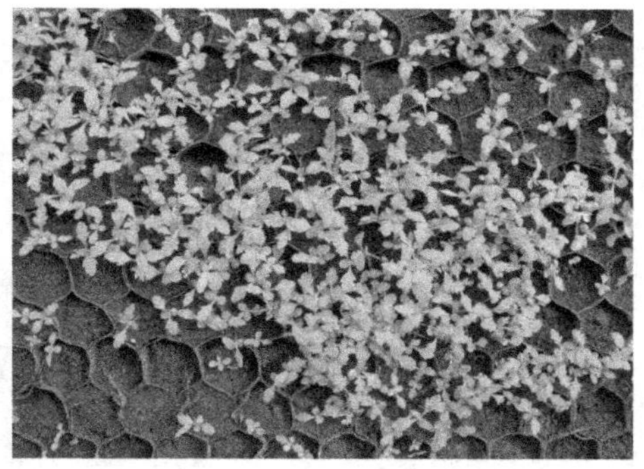

附图4-3　长出第2对真叶的青蒿幼苗

(3)第15天左右长出第5片真叶，第1～5片真叶很小，叶片不开裂，以后形成的叶片逐渐增大，并出现羽状深裂。早期的叶为基生叶，有叶柄，在茎开始伸长后，形成茎生叶，且茎生叶的叶柄逐渐变短(附图4-4，附图4-5)。

附图4-4　青蒿第1～5片真叶形态

附图 4-5　青蒿成熟叶片形态

(4) 移栽后，成活率 100%。新形成的叶片直接着生于茎上（附图 4-6，附图 4-7）。

附图 4-6　青蒿移栽大田

附图 4-7　青蒿移栽初期生长状态

(5) 青蒿主茎的生长旺期是在幼苗生长 2 个月之后。经历 2 个月左右的迅速增高以后，主茎长高减缓直到花蕾期停止长高（附图 4-8，附图 4-9）。

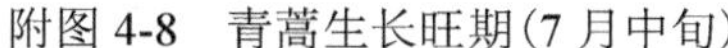

附图 4-8　青蒿生长旺期(7 月中旬)

附图 4-9　青蒿营养生长期(8 月上旬)

(6)营养生长后期为 8 月下旬至 9 月上旬。此时期青蒿营养生长速度逐步变慢，整个植株除主茎基部极少数叶变黄外，其余叶片均为绿色，主茎及一、二级分枝已经形成，主茎伸长显著，三级分枝开始形成(附图 4-10)。

附图 4-10　青蒿营养生长末期(8 月下旬)

(7)主茎的长粗有两个高峰期(Ⅰ期和Ⅱ期)，Ⅰ期是 5 月中旬到 6 月中旬，Ⅱ期是 8 月上旬到 8 月中旬。茎的第一个长粗高峰期出现在茎长高高峰期之前，增粗的茎为茎的迅速长高作准备；第二个长粗高峰期出现在茎的长高高峰期之后，为加强对已长高的茎的支持，同时也为支持生殖生长将形成的大量花蕾作准备(附图 4-11，附图 4-12)。

附图 4-11　青蒿主茎生长高峰期(5 月中旬)

附图 4-12　青蒿主茎生长高峰期(8 月上旬)

5　移栽后青蒿照片

附图 5-1　2007 的覆膜移栽苗

附图 5-2　日光温室现蕾前期的青蒿

附图 5-3　青蒿移栽大田后进入生长期的青蒿

附图 5-4　生长旺期的青蒿

附图 5-5　大田现蕾前期的青蒿

附图 5-6　大庆日光温室栽培的青蒿

附图 5-7　收获青蒿

附图 5-8　10 月下旬的青蒿

附图 5-9　木质化的青蒿茎

附图 5-10　青蒿移栽(大庆市)

附图 5-11　青蒿移栽(五常市)

附图 5-12　校园荒地栽培的青蒿

附图 5-13　荒地生长旺期的青蒿

附图 5-14　单因素影响试验盆栽的青蒿

附图 5-15　光强试验

附图 5-16　光周期试验

6　棘孢木霉 ACCC30536

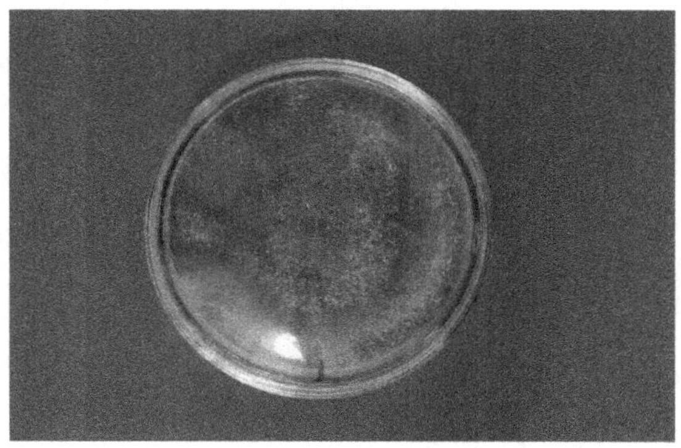

附图 6-1　棘孢木霉 ACCC30536